彩图 1

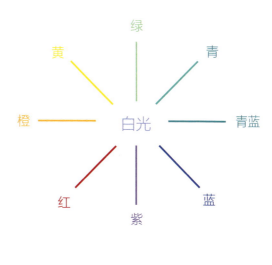

彩图 2

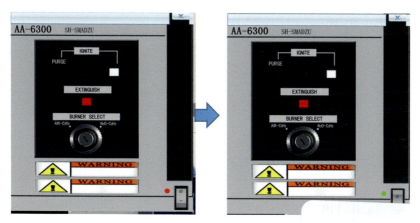

彩图 3

彩图 4

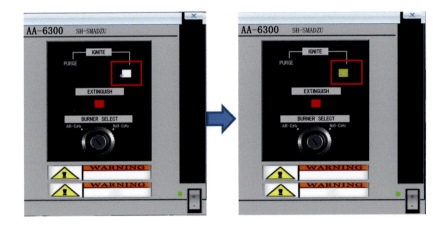

彩图 5

彩图 6

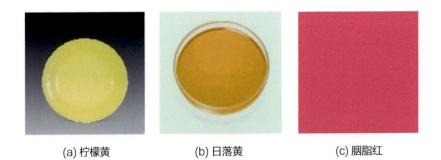

(a) 柠檬黄　　　　　　(b) 日落黄　　　　　　(c) 胭脂红

彩图 7

职业教育工业分析技术专业仿真操作实训教材

分析仪器仿真操作

● 张 维 主编 ● 黄丽平 副主编 ● 崔 迎 主审

化学工业出版社

·北京·

内容简介

《分析仪器仿真操作》共八个项目，每个项目包含分析方法的基本原理和分析仪器的操作步骤。其中重点讲述的是紫外可见分光光度计、原子吸收分光光度计、气相色谱仪、高效液相色谱仪、红外光谱仪、气质联用仪、液质联用仪的仿真操作方法。

《分析仪器仿真操作》强调理论与实践结合，既讲述了分析方法的基本原理，又详细讲述了分析仪器的操作，每一种分析仪器的操作步骤均给出了详细的步骤截图，并列出了软件输入所需的数据，以及最终运行结果的数据表和软件截图。所有操作均配套操作视频，方便学生理解及自学。本书理论以够用为度，内容简明扼要、通俗易懂，操作方法图文并茂、实践性强。

本书可作为中、高等职业院校工业分析与检验专业及相关专业的教材，也可作为从事分析与检验工作人员的培训教材和参考书。

图书在版编目(CIP)数据

分析仪器仿真操作/张维主编.—北京：化学工业出版社，2020.7（2024.8重印）
ISBN 978-7-122-36818-8

Ⅰ.①分… Ⅱ.①张… Ⅲ.①分析仪器-计算机仿真-操作 Ⅳ.①TH83

中国版本图书馆CIP数据核字（2020）第081987号

责任编辑：刘心怡　　　　　　　　　　　　装帧设计：韩　飞
责任校对：刘曦阳

出版发行：化学工业出版社（北京市东城区青年湖南街13号　邮政编码100011）
印　　装：北京天宇星印刷厂
787mm×1092mm　1/16　印张15¾　彩插1　字数390千字　2024年8月北京第1版第2次印刷

购书咨询：010-64518888　　　　　　　　售后服务：010-64518899
网　　址：http://www.cip.com.cn
凡购买本书，如有缺损质量问题，本社销售中心负责调换。

定　　价：39.80元　　　　　　　　　　　　　　　　　　版权所有　违者必究

前言

随着我国进入新的发展阶段,产业升级和经济结构调整不断加快,各行各业对技术技能人才的需求越来越紧迫,职业教育重要地位和作用越来越凸显。但是,与发达国家相比,与建设现代化经济体系、建设教育强国的要求相比,我国职业教育还存在着许多问题。我国职业教育需要牢固树立新发展理念,大幅提升新时代职业教育现代化水平,着力培养高素质劳动者和技术技能人才。《国家职业教育改革实施方案》中指出为适应"互联网+职业教育"发展需求,应运用现代信息技术改进教学方式方法,推进虚拟工厂等网络学习空间建设和普遍应用。

化工类专业的实践教学经常会用到一些易燃、易爆、强氧化性、强腐蚀性、有毒、有害的化学品,存在一定的危险性。另外,一些大型设备,如气相色谱仪、高效液相色谱仪、原子吸收分光光度计、红外光谱仪、气质联用仪、液质联用仪,存在价格贵、操作和维护技术性强、所能提供的工位数少等问题。这些因素造成学生在实验实训过程中直接动手的机会少,这是化工类专业实践教学环节所面临的特有困难。

因此,建设虚拟仿真实训基地,构建高度仿真的虚拟实验环境和实验对象并开展教学已经成为实验教学的趋势,可以解决现场实训教学难以解决的教学问题。虚拟仿真技术,可为教师提供优化的教学环境,为学生提供一个可靠、安全的虚拟仿真实践环境。教师将虚拟仿真应用于实训教学中,使虚拟实训与实物实训相结合,实现真实实验室现场的模拟,可减少实训教学中存在的危险,节约成本,将学生仿真练习过程中出现的具有普遍性和代表性的问题进行归纳整理,引导学生分析原因,找出解决办法和措施,提高学生分析和处理问题的能力,同时虚拟仿真实验软件还增加了实验操作的趣味性,解决教学中的重点和难点问题,提升学生职业能力和综合素质。

编者在"仪器分析实验"课程中引入虚拟仿真实验,以北京东方仿真软件技术有限公司的仿真软件为教学媒介,结合大型分析仪器的实际操作,编写了校本教材,经过五届学生的使用,能够显著地提高教学的效率与效果,现根据多年使用经验,并结合技能大赛仿真试题,进行了修改和充实,编写了本教材。

本书强调理论与实践结合,具有全面、系统和重点突出的特点,涵盖了七种大型分析仪器的基本原理、操作方法和练习题,其中包含了全国职业院校技能大赛工业分析检验赛项中、高职仿真操作考核试题。每一种分析仪器的操作方法均给出了详细的步骤截图,并列出了软件输入所需的数据,以及最终运行结果的数据表和软件截图。本书还可通过手机扫描二维码获取七种分析仪器的仿真操作视频,力图使读者能够顺利地重复书中案例,加深对具体动态模拟过程的理解,便于学生自主学习。

  本书由天津市化学工业学校张维任主编,黄丽平任副主编,天津职业大学朱虹、天津渤海职业技术学院赵伟伟、天津石油职业技术学院刘凤花参编,天津渤海职业技术学院的崔迎教授担任主审。崔迎教授审阅了全书初稿,给予了大力支持和帮助,北京东方仿真软件技术有限公司分析仪器产品经理郑文佳参与了对本书的审稿,并提出了宝贵意见,在此一并表示衷心感谢。

  由于编者水平有限,书中不妥之处在所难免,恳请读者批评指正!

编者

2019 年 11 月

目 录

项目一 单元仿真基础知识

    任务一　仿真培训系统学员站的使用方法 ……………………………………… 1

    任务二　评分系统使用方法 …………………………………………………… 7

项目二 紫外可见分光光度法测定苯甲酸浓度

    任务一　紫外可见分光光度法基本原理简介 …………………………………… 13

    任务二　紫外可见分光光度法测定苯甲酸浓度仿真实验操作步骤 …………… 19

项目三 原子吸收分光光度法测定金属元素含量

    任务一　原子吸收分光光度法基本原理简介 …………………………………… 32

    任务二　原子吸收分光光度法测定金属元素含量仿真实验操作步骤 ………… 37

项目四 气相色谱法测定混合物中的苯系物含量

    任务一　气相色谱法基本原理简介 ……………………………………………… 65

    任务二　气相色谱法测定混合物中的苯系物含量仿真实验操作步骤 ………… 73

项目五 高效液相色谱法测定合成色素柠檬黄、日落黄、胭脂红的含量

    任务一　液相色谱法基本原理简介 ……………………………………………… 99

    任务二　HPLC10AT 测定合成色素含量仿真实验操作步骤 …………………… 105

    任务三　HPLC20AT 测定合成色素含量仿真实验操作步骤 …………………… 139

项目六 苯甲酸的红外光谱测定（压片法）

    任务一　红外光谱法基本原理简介 ……………………………………………… 167

    任务二　红外光谱法测定苯甲酸仿真实验操作步骤 …………………………… 173

项目七 气质联用法测定农药中组分含量

    任务一　气质联用法基本原理简介 ……………………………………………… 188

任务二　气质联用法测定农药中组分含量仿真实验操作步骤……………………192

项目八　液质联用法测定水中全氟化合物含量

任务一　液质联用法基本原理简介………………………………………… 215
任务二　液质联用法测定水中全氟化合物含量仿真实验操作步骤…………216

参考答案

参考文献

项目一

单元仿真基础知识

任务一 仿真培训系统学员站的使用方法

一、程序启动

学员站软件安装完毕之后,软件自动在"桌面"和"开始菜单"生成快捷图标。

(一) 学员站启动方式

软件启动有两种方式:

① 双击桌面快捷图标"大型分析仪器仿真软件 ISTS2.5"图标:。

②"开始菜单→所有程序→东方仿真→大型分析仪器仿真软件 ISTS2.5"启动软件。

软件启动之后弹出运行界面(如下图:系统启动界面)。

(二) 运行方式选择

系统启动界面出现之后会出现主界面(如下图),输入"姓名、学号、机器号",设置正确的教师指令站地址（教师站 IP 或者教师机计算机名）同时根据教师要求选"单机练习"或者"局域网模式"，进入软件操作界面。

① 单机练习：是指学生站不连接教师机，独立运行，不受教师站软件的监控。

② 局域网模式：是指学生站与教师站连接，老师可以通过教师站软件实时监控学员的成绩，规定学生的培训内容，组织考试，汇总学生成绩等。

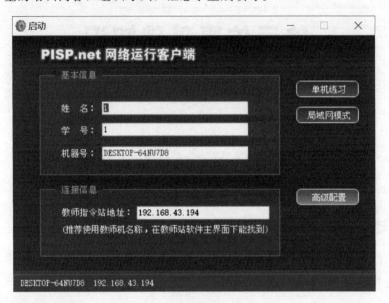

（三）培训工艺选择

选择软件运行模式之后，进入软件"培训参数选择"页面。

①"启动项目" 按钮的作用是在设置好培训项目和 DCS（集散控制系统，Distributed Control System）风格后启动软件，进入软件操作界面。

②"退出" 按钮的作用是退出仿真软件。

③ 单击"培训工艺" 按钮列出所有的培训单元，包括红外分光光度计 Nicolet380、紫外分光光度计 TU1901、原子吸收 AA6300、气相色谱 GC14C、气质联用 GCMSQP2010、液相色谱 LC10AT、液相色谱 LC20AT，学员根据需要选择相应的培训单元。

（四）培训项目选择

选择"培训工艺"后，进入"培训项目"列表里面选择所要运行的项目，本书所讲述的大型分析仪器仿真软件 ISTS2.5 培训项目中一般只有一个项目内容，因此可以默认不选择。

（五）DCS 风格类型选择

ESST（东方仿真软件技术有限公司）提供的仿真软件的 DCS 风格默认为"仪器分析2010"。

二、程序主界面

（一）菜单介绍

1. 工艺菜单

仿真系统启动之后，启动两个窗口，一个是仪器操作界面窗口，一个是操作质量评分系统。首先进入仪器操作界面窗口,进行软件操作。在仪器操作界面的上部是"菜单栏",下部是"功能按钮栏"(如下图)。

"工艺"菜单包括当前信息总览、系统冻结、系统退出。
(1)当前信息总览:显示当前培训内容的信息。

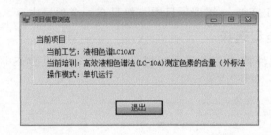

(2)系统冻结:类似于暂停键。系统"冻结"后,DCS软件不接受任何操作,后台的数学模型也停止运算。
(3)系统退出:退出仿真系统。

2. 画面菜单
"画面"菜单包括程序中的所有画面进行切换,有流程图画面、报警帮助、辅助界面。选择菜单项(或按相应的快捷键)可以切换到相应的画面。

3. 工具菜单
工具菜单可以用来对变量监视、仿真时钟进行设置、使评分自动提示。

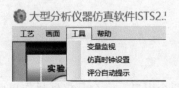

(1) 变量监视：可实时监视变量的当前值，察看变量所对应的仪器操作中的数据点以及对数据点的描述和数据点的上下限（如下图）。

ID	点名	描述	当前点值	当前变量值	点值上限
1	OUT01	液相色谱（单泵）泵A	0.000000	0.000000	100.000000
2	ANS111	制备流动相和待测样品选择题01	0.000000	0.000000	100.000000
3	ANS113	制备流动相和待测样品选择题03	0.000000	0.000000	100.000000
4	ANS114	制备流动相和待测样品选择题03	0.000000	0.000000	100.000000
5	ID_01A	清洗次数统计 使用超纯水	0.000000	0.000000	100.000000
6	ID_01B	清洗次数统计 使用流动相	0.000000	0.000000	100.000000
7	DAT04		0.000000	0.000000	100.000000
8	DAT05		0.000000	0.000000	100.000000
9	DAT06		0.000000	0.000000	100.000000
10	DAT07		0.000000	0.000000	100.000000
11	DAT08		0.000000	0.000000	100.000000
12	DAT09		0.000000	0.000000	100.000000
13	DAT10		0.000000	0.000000	100.000000
14	SHOW_01	总流量	0.000000	0.000000	1000.000000
15	SHOW_01A	泵A流量显示	0.000000	0.000000	1000.000000
16	SHOW_01B	泵B流量显示	0.000000	0.000000	1000.000000
17	SHOW_02	泵A压力显示	0.000000	0.000000	1000.000000
18	SHOW_02A	泵A压力显示	1.274000	1.274000	1000.000000
19	SHOW_02B	泵B压力显示	1.440000	1.440000	1000.000000
20	SHOW_03	[检测器通道]	0.000000	0.000000	500.000000
21	SHOW_04B	泵B浓度	0.000000	0.000000	500.000000
22	PILCPUMP	泵A运行状态	0.000000	0.000000	100.000000
23	PILCPUMPB	泵B运行状态	0.000000	0.000000	100.000000
24	PI104	真空抽滤泵压力指示	0.000000	0.000000	100.000000

(2) 仿真时钟设置：即时标设置，设置仿真程序运行的时标。选择该项会弹出设置时标对话框（如下图）。时标以百分制表示，默认为100%，选择不同的时标可加快或减慢系统运行的速度。系统运行的速度与时标成正比。

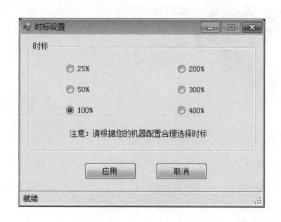

(3) 评分自动提示：提示目前需要进行的操作，当此项操作完成后自动跳到下一个操作提示，通过透明度设置条可以设置此提示窗口的透明度。注意"评分自动提示"项在"单机练习"模式下才会显示，"局域网模式"没有。

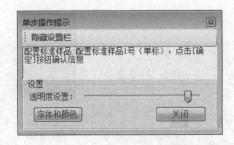

4. 帮助菜单

帮助菜单包括帮助主题、产品反馈、关于三个选项。

（1）帮助主题：打开仿真系统平台操作手册。

（2）产品反馈：单击后，将显示"您可以把对我们的产品的一些意见 e-mail 给我们，不管是赞成的还是提出批评，我们都将感谢您对我们产品的关注，并及时修正我们的缺点，给广大用户一个最满意的产品。"

（3）关于：显示软件的版本信息、用户名称和激活信息。

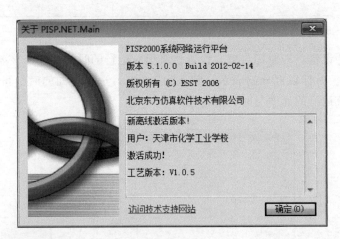

（二）主界面介绍

在程序加载完相关资源后，出现仿真操作主界面。程序主界面上部是软件标题栏、菜单栏，主场景上部是五个功能按钮，分别是实验总览、原理图、理论测试、理论知识、实验帮助，左下方是实验室场景缩略图，其余区域为仿真操作区。

项目一　单元仿真基础知识

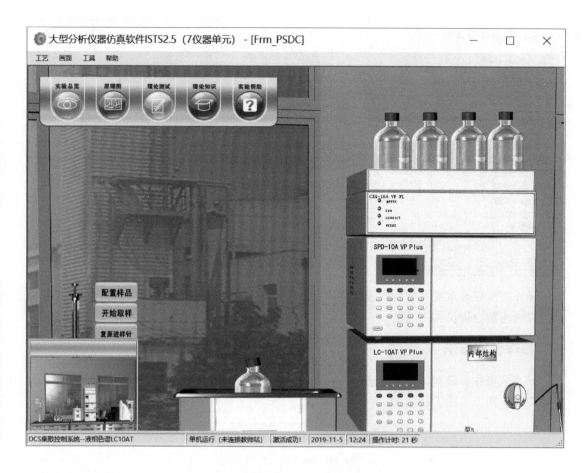

三、退出系统

直接关闭仪器操作界面窗口和操作质量评分系统窗口，弹出关闭确认对话框，都会退出系统。另外，还可在菜单"工艺菜单"中单击"系统退出"退出系统。

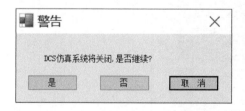 

任务二　评分系统使用方法

启动软件系统进入操作质量评分系统，操作质量评分系统界面如下图所示。

操作质量评分系统是智能操作指导、诊断、评测软件,它通过对用户的操作过程进行跟踪,在线为用户提供如下功能。

一、操作状态指示

对当前操作步骤和操作质量所进行的状态以不同的图标表示出来,操作系统中所用的光标说明如下图及彩图 1 所示。

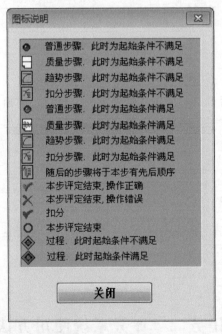

(一) 操作步骤状态图标及提示

图标 ◆(红色):表示此过程的起始条件不满足,该过程不参与评分。

图标 ◆(绿色):表示此过程的起始条件满足,开始对过程中的步骤进行评分。

图标 ●(红色):为普通步骤,表示本步还没有开始操作,也就是说,还没有满足此步的起始条件。

图标 ⬢（绿色）：表示本步已经开始操作，也就是说已满足此步的起始条件，但此操作步骤没有完成。

图标 ✔：表示本步操作已经结束，并且操作完全正确（得分等于100）。

图标 ✘：表示本步操作已经结束，但操作完全不正确（得分为0）。

图标 ⭕：表示过程终止条件已满足，本步操作无论是否完成都被强迫结束。

（二）操作质量图标及提示

图标 ▯：表示这条质量指标还没有开始评判，即起始条件未满足。

图标 ▦：表示起始条件满足，本步骤已经开始参与评分，若本步评分没有终止条件，则会一直处于评分状态。

图标 ⭕：表示过程终止条件已满足，本步操作无论是否完成都被强迫结束。

图标 ▤：表示顺序关系，随后的步骤将于本步有先后顺序。

图标 ▨（背景为橘红色）：在 PISP.NET 的评分系统中包括了扣分步骤，主要是当操作严重不当，可能引起重大事故时，从已得分数中扣分，此图标表示起始条件不满足，即还没有出现失误操作。

图标 ▨（背景为灰色）：表示起始条件满足，已经出现严重失误的操作，开始扣分。

二、操作方法指导

软件在线对操作步骤的具体实现方法给出详细的操作说明（如下图）。

对于操作质量可给出关于这条质量指标的目标值、上下允许范围、上下评定范围，当鼠标移到质量步骤一栏，所在栏都会变蓝（如上图），双击可点出该步骤属性对话框（如下图）。

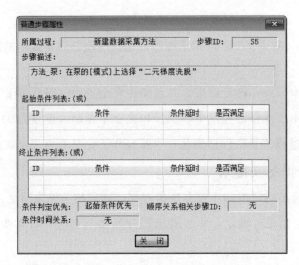

提示：质量评分从起始条件满足后开始评分，如果没有终止条件，评分贯穿整个操作过程。控制指标接近标准值的时间越长，得分越高。

三、操作诊断及诊断结果指示

软件会实时对操作过程进行跟踪检查，并对用户的操作进行实时评价，将操作错误的过程或动作一一说明，以便用户对这些错误操作查找原因，及时纠正或在今后的训练中进行改正或重点训练。

四、查看分数

软件实时对操作过程进行评定，对每一步进行评分，并给出整个操作过程的综合得分，可以实时查看用户所操作的总分，并生成评分文件。

在"操作质量评分系统"窗口中，单击"浏览→成绩"查看总分、百分制得分、测评历时和每个步骤实时成绩等。如下图弹出的学员成绩单。

项目一　单元仿真基础知识

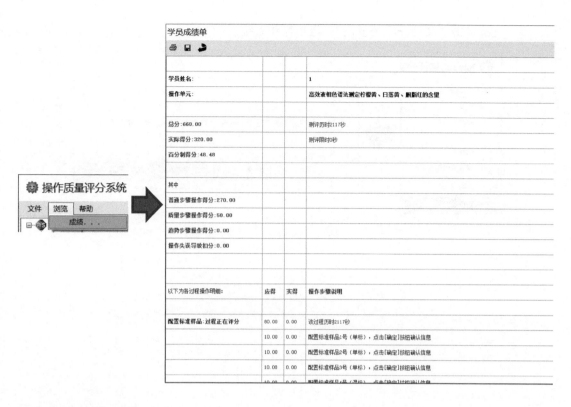

五、其他辅助功能

PISP.NET 评分系统辅助功能：

（1）学员最后的成绩可以生成成绩列表，成绩列表可以保存也可以打印。单击"浏览"菜单中的"成绩"就会弹出"学员成绩单"对话框，对话框包括学员资料、总成绩、各项分部成绩及操作步骤得分的详细说明。

（2）单击"文件"菜单下面的"打开"，可以打开以前保存过的成绩单，"保存"菜单可以保存新的成绩单覆盖原来旧的成绩单，"另存为"则不会覆盖原来保存过的成绩单（如下图为打开成绩单操作界面）。

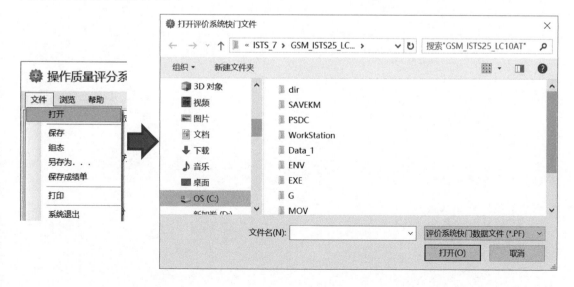

(3) 直接单击"文件→系统退出",退出操作系统。

项目二

紫外可见分光光度法测定苯甲酸浓度

任务一 紫外可见分光光度法基本原理简介

苯甲酸被用于医药、染料载体、增塑剂、香料和食品防腐剂等的生产，也用于醇酸树脂涂料的性能改进、钢铁设备的防锈剂等，其中苯甲酸作为防腐剂，应用最多，而防腐剂的加入量有严格要求，防腐剂含量过多会危害身体，本章学习用紫外可见分光光度法测定苯甲酸含量。

紫外可见分光光度法（UV-Vis）是目前应用最为广泛的一种分子吸收光谱法，主要用于试样中微量组分的测定。

利用比较待测溶液本身的颜色或加入试剂后呈现的颜色的深浅来测定溶液中待测物质的浓度的方法称为比色分析法。其中以人的眼睛来检测颜色深浅的方法称目视比色法，以光电转换为检测器来区别颜色深浅的方法称光电比色法。应用分光光度计，根据物质对不同波长的单色光的吸收程度不同而对物质进行定性和定量分析的方法称分光光度法。

分光光度法是目前应用最多的比色分析法。分光光度法中，按所用光的波谱区域不同，又可分为可见分光光度法（$\lambda = 400 \sim 780$nm）、紫外分光光度法（$\lambda = 200 \sim 400$nm）和红外分光光度法（$\lambda = 3 \times 10^3 \sim 3 \times 10^4$nm）。其中紫外分光光度法和可见分光光度法合称紫外可见分光光度法。

紫外可见分光光度法具有如下特点：

(1) 灵敏度高。一般可测定浓度下限为 $10^{-5} \sim 10^{-6}$mol/L（达 μg 量级）的物质，在某些条件下甚至可测定 10^{-7}mol/L 的物质，最适用于微量组分的测定。

(2) 具有相对的准确度。相对误差一般为 2%～5%。准确度虽不及化学法，但对于微量组分的测定，已完全满足要求。

(3) 设备价格低廉，操作简单，分析速度快。

(4) 应用广泛。大部分无机离子和许多有机物质的微量成分都可以用这种方法进行测定。紫外吸收光谱法还可用于芳香化合物及含共轭体系化合物的鉴定及结构分析。

一、光的基本特性

光本质上是一种电磁波，具有波动性和粒子性，光在传播中不需要任何物质作为传播媒介。常常用波长或频率来描述各种光，其中波长用 λ 表示，单位是纳米（nm），频率用 ν 表示，单位是赫兹（Hz）。

光有单色光和复合光之分，复合光是含有多种波长的光，可由红、橙、黄、绿、青、蓝、紫等光按一定比例和强度组成。例如日光、白炽灯光等白光。单色光是具有同一波长的光。

若把适当颜色的两种光按一定强度比例混合后可以得到白光，这两种颜色的光称为互补色光。互补色光如下图及彩图 2 所示，处于对角线上的两种颜色的光为互补色光。例如：橙色光与青蓝光互补，红色光与青色光互补。

二、物质对光的选择性吸收

1. 物质颜色的产生

当一束白光通过某溶液时，一部分波长的光被溶液吸收，另一部分波长的光则透过溶液，人眼能看到的颜色是透过去光的颜色，还有一部分被器皿的表面反射回去，这一部分忽略不计。被溶液吸收的光为吸收光，透过溶液的光为透射光，吸收光和透射光为互补色光。可见物质的颜色是物质对光有选择性吸收的结果，溶液的颜色是由透射光的波长所决定的，呈现的颜色是被物质吸收光的互补色，即透射光的颜色。例如，$KMnO_4$ 溶液呈现紫红色，是因为 $KMnO_4$ 溶液吸收了绿色的光，透过去紫色的光；$CuSO_4$ 溶液呈现蓝色，是因为 $CuSO_4$ 溶液吸收了黄色的光，透过去蓝色的光。

2. 物质的吸收光谱曲线

将不同波长的光依次通过某一固定浓度和厚度的有色溶液，分别测出它们对各种波长光的吸收程度（用吸光度 A 表示），以波长为横坐标，以吸光度为纵坐标作图，绘制的曲线称为该物质的吸收光谱曲线，或光吸收曲线。吸收光谱曲线描述了物质对不同波长光的吸收程度。高锰酸钾溶液的吸收光谱曲线如下图所示。

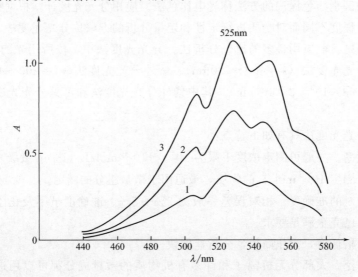

1—$c(KMnO_4)=1.56\times 10^{-4}\ mol\cdot L^{-1}$；2—$c(KMnO_4)=3.12\times 10^{-4}\ mol\cdot L^{-1}$；3—$c(KMnO_4)=4.68\times 10^{-4}\ mol\cdot L^{-1}$

在吸收光谱曲线上，光吸收程度最大处所对应的波长称为最大吸收波长，用 λ_{max} 表示。在进行光度测定时，通常都是选取 λ_{max} 作为测定的入射光波长，因为在此波长处测定吸光度，灵敏度最高。不同浓度的 $KMnO_4$ 溶液，其吸收光谱曲线的形状相似，λ_{max} 也相同，吸收峰峰高随浓度的增加而增高。

三、光吸收定律

光吸收定律是紫外可见分光光度法定量分析的理论基础，也称朗伯-比尔定律。

1. 吸光度

当一束平行的单色光垂直照射到含有吸光物质的均匀透明溶液时，设入射光通量为 Φ_0，透射光通量为 Φ_{tr}。则 Φ_{tr}/Φ_0 表示溶液对光的透射程度，称为透射比，用符号 τ 表示。

$$\tau = \frac{\Phi_{tr}}{\Phi_0} \times 100\%$$

$\lg \frac{\Phi_0}{\Phi_{tr}}$，即 Φ_0 与 Φ_{tr} 比值的对数表示单色光通过溶液时被吸收的程度，称为吸光度，用符号 A 表示。

$$A = \lg \frac{\Phi_0}{\Phi_{tr}}$$

A 与 τ 的关系：

$$A = \lg \frac{1}{\tau} = -\lg \tau$$

$$\tau = 10^{-A}$$

2. 朗伯-比尔定律

当一束平行单色光垂直入射通过均匀的吸光物质的稀溶液时，溶液对光的吸收程度与溶液的浓度及液层厚度的乘积成正比。这就是朗伯-比尔定律，即光吸收定律。

其表达式为：$A = Kbc$

式中，A 为吸光度；K 为吸光系数；b 为液层厚度；c 为溶液浓度。

3. 吸光系数 K

吸光系数表示单位浓度的溶液液层厚度为 1cm 时，在一定波长下测得的吸光度。K 值的大小取决于吸光物质的性质、入射光波长、溶液温度和溶剂性质等，与溶液浓度大小和液层厚度无关。

K 值大小因溶液浓度所采用的单位的不同而异，当溶液浓度为 $mol \cdot L^{-1}$ 时，称为摩尔吸光系数，用符号 ε 表示，单位为 $L \cdot mol^{-1} \cdot cm^{-1}$。朗伯-比尔定律表达式为 $A = \varepsilon bc$。

摩尔吸光系数 ε 数值上等于浓度为 $1 mol \cdot L^{-1}$ 的溶液，于厚度为 1cm 的吸收池中，在一定波长下测得的吸光度，是物质吸光能力大小的量度。ε 值越大，表明该有色物质对此波长的吸收能力愈强，反之，愈弱。还可以用 ε 数值估算显色反应灵敏度的大小，ε 值愈大，说明显色反应的灵敏度高，反之，则愈低。

当溶液浓度为 $g \cdot L^{-1}$ 时，称为质量吸光系数，用符号 α 表示，单位为 $L \cdot g^{-1} \cdot cm^{-1}$。朗伯-比尔定律表达式为 $A = \alpha bc$。

四、紫外可见分光光度计基本组成部件

紫外可见分光光度计主要由五个部件组成：光源、单色器、吸收池、检测器、信号处理及显示系统。

由光源发出的光，经单色器获得单色光照射到样品溶液，部分光被样品吸收，透过的光经检测器将光强度变化转变为电信号变化，并经信号指示系统调制放大后，显示或打印出吸光度 A（或透射比 τ），完成测定。

1. 光源

可见分光光度计中常用的光源是卤钨灯，紫外光源多为气体放电光源，应用最多的是氢灯及其同位素氘灯。光源的作用是提供符合要求的入射光。对光源的基本要求是：能提供仪器操作所需的光谱区域内的连续辐射光，有足够的辐射强度和良好的稳定性，并且光源的使用寿命长。

2. 单色器

单色器是把光源发出的连续光谱分解成单色光，并能准确方便地"取出"所需要的某一波长的光。单色器一般由狭缝、色散元件和透镜系统组成。无论何种单色器，出射光光束常混有少量与仪器所指示波长十分不同的光波，即"杂散光"。杂散光会影响吸光度的正确测量，所测量的值会低于真实值。为了减少杂散光，单色器用涂以黑色的罩壳封起来，通常不允许打开罩壳。

3. 吸收池（比色皿）

比色皿是用于盛放待测液和决定透光液层厚度的器件。一般有石英和玻璃材料两种，玻璃比色皿用于可见分光光度计，紫外分光光度计则必须使用石英比色皿。常用的规格有 0.5cm、1.0cm、2.0cm、3.0cm、5.0cm 等，使用时根据实际需要选择。使用时应注意以下几点：拿取比色皿磨砂面，手指不能接触透光面；先用蒸馏水洗涤，再用待测溶液润洗 3 遍；所倒入溶液应充至比色皿全高度的 2/3～4/5，不宜过满；比色皿外的液滴，用滤纸轻轻吸干，再用擦镜纸擦拭光学面；使用后的比色皿，立即用蒸馏水冲洗干净；不得在火焰或电炉上进行加热或烘烤。

4. 检测器

检测器是接收光辐射信号、测量单色光透过溶液后光强度的变化，并将光信号转换为相应的电信号的一种装置。常用的检测器有光电池、光电管和光电倍增管等，其中光电倍增管不仅响应速度快，而且灵敏度高，比一般的光电管要高 200 倍，目前紫外可见分光光度计广泛使用光电倍增管作检测器。

5. 信号处理及显示系统

由检测器产生的电信号，经放大等处理后，以一定方式显示出来，以便于计算和记录。当前一些分光光度计与计算机联用，配有专用的工作软件，实现分析自动化，操作很简便。

五、分光光度计的类型

根据分光光度计光源所提供的波长范围不同，可分为可见分光光度计（320～1000nm）和紫外可见分光光度计（200～1000nm）。可见分光光度计只能测量有色溶液的吸光度，而紫外可见分光光度计可测量无色及有色溶液（对紫外及可见光有吸收的物质）

的吸光度。

按仪器光路可分为单光束分光光度计和双光束分光光度计,双光束比单光束分光光度计在单色器的出射狭缝和样品之间多加了一个切光器,将入射光分为强度相等的两束光;按测量时提供的波长又可分为单波长分光光度计和双波长分光光度计。

六、分光光度计的检验

1. 波长准确度的检验

在可见光区检验波长准确度最简便的方法是绘制镨钕滤光片的吸收光谱曲线。

在紫外光区检验波长准确度比较实用和简便的方法是用苯蒸气的吸收光谱曲线来检查。

2. 比色皿配套性检验

石英比色皿在220nm处装蒸馏水,玻璃比色皿在440nm处装蒸馏水,以一个比色皿为参比,调节τ为100%,测量其他各比色皿的透射比,透射比的偏差小于0.5%的比色皿可配套使用。

七、单组分的定量分析方法（工作曲线法）

1. 工作曲线的绘制

配制4个以上浓度不同的待测组分的标准溶液（大部分的点吸光度在0.2~0.8之间）,以空白溶液为参比溶液,在选定的波长下,分别测定各标准溶液的吸光度。以标准溶液浓度为横坐标,以吸光度为纵坐标,在坐标纸上绘制曲线,此曲线即称为工作曲线,又称标准曲线,如下图所示。

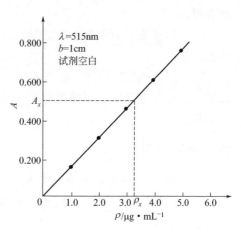

2. 样品测定

在相同测量条件下测量样品溶液的吸光度,然后在工作曲线上查出待测试液的浓度。

八、北京普析 TU-1901 紫外可见分光光度计简介

1. 技术参数

波长范围：190nm~900nm。

波长准确度：±0.3nm（开机自动校准）。

波长重复性：≤0.15nm。

光谱带宽：0.1nm、0.2nm、0.5nm、1.0nm、2.0nm、5.0nm。

杂散光：≤0.015%T（220nm,NaI；340nm,NaNO$_2$）。

光度方式：透过率、吸光度、反射率、能量。

光度范围：−4.0~4.0Abs。

光度准确度：±0.002Abs（0~0.5Abs）、±0.004Abs（0.5~1.0Abs）、±0.3%T（0~100%T）。

光度重复性：0.001Abs（0~0.5Abs）、0.002Abs

（0.5～1.0Abs）。

  基线平直度：±0.001Abs。

  基线漂移：0.0004Abs/h（500nm，0Abs预热后）。

  光度噪声：±0.0004Abs。

  光源：插座型长寿命溴钨灯及氘灯（更换灯后无须调整）。

  检测器：光电倍增管。

  样品室：可选配八联样品池架、积分球附件等。

2. 主要特点

  （1）轻松高效的人机对话。基于 Windows 环境设计的 UWVin 中文操作软件，提供了丰富的仪器控制盒操作功能，简单易用，灵活高效，轻松满足使用者的分析需求。

  （2）优异的可扩展性。有蠕动进样器、超微量池架、恒温池架、光学积分球、镜面反射、光纤附件和比色皿系列等大量用户可选专用附件，使仪器的应用范围大大扩展。

  （3）设备维护简单方便。独特的插座式钨灯和氘灯，换灯时免去光学调试，维护更加简单方便。

  （4）功能强大的应用分析工作站。具有光度测量、光谱扫描、定量测定和时间扫描四大功能。

  （5）广泛的应用领域。在有机化学、生物化学、药品分析、食品检测、医药卫生、环境保护、生命科学等各个领域的科研、生产中，TU-1901 系列紫外可见分光光度计得到了广泛应用。

九、自测练习

1. 紫外可见分光光度计分析所用的光谱是（　　）光谱。
  A. 原子吸收　　　　B. 分子吸收　　　　C. 分子发射　　　　D. 原子发射
2. 可供紫外分光光度计选用作光源的氢灯和氘灯是属于（　　）光源。
  A. 放电　　　　　　B. 热　　　　　　　C. 激光　　　　　　D. 磁
3. 在有杂散光存在下测量样品的吸光度值时，所测量的值总是（　　）真实值。
  A. 高于　　　　　　B. 等于　　　　　　C. 低于　　　　　　D. 以上皆有可能
4. 双光束分光光度计的光路设计与单光束分光光度计相比，差别只在单色器的出射狭缝和样品之间加了一个（　　）。
  A. 切光器　　　　　B. 棱镜　　　　　　C. 光栅　　　　　　D. 滤光片
5. 朗伯-比尔定律只适用于（　　）光。
  A. 白光　　　　　　B. 复合　　　　　　C. 单色　　　　　　D. 多色
6. 在一定浓度范围内，有色溶液的浓度越大，对光的吸收也越大，吸收峰波长（　　）。
  A. 不变　　　　　　B. 越大　　　　　　C. 越小　　　　　　D. 以上皆有可能
7. 光的吸收、散射及光电效应都说明光具有（　　）性。
  A. 微粒　　　　　　B. 波动　　　　　　C. 粒子性和波动　　D. 颗粒
8. 紫外分光光度计由光源、单色器、（　　）、检测器和信号处理及显示系统五大部件组成。
  A. 吸收池　　　　　B. 光电管　　　　　C. 指针表头　　　　D. 光栅

9. 可见分光光度计是依据物质对可见区辐射（光）产生的特性吸收光谱及（　　）定律，测量物质对不同波长单色辐射的吸收程度，进行定量分析的仪器。
　　A. 米开朗基罗　　　B. 朗伯-比尔　　　C. 牛顿　　　　　D. 阿基米德
10. 仪器在工作状态下，按说明书要求（　　）后才可进行检定。
　　A. 清洗　　　　　　B. 吹扫　　　　　　C. 预热　　　　　D. 干燥
11. 紫外光谱分析中所用比色皿是（　　）材料的。
　　A. 玻璃　　　　　　B. 石英　　　　　　C. 萤石　　　　　D. 陶瓷
12. 在 300nm 进行分光光度测定时，应选用（　　）比色皿。
　　A. 硬质玻璃　　　　B. 软质玻璃　　　　C. 石英　　　　　D. 透明塑料
13. 分光光度法的吸光度与（　　）无关。
　　A. 入射光的波长　　B. 液层的高度　　　C. 液层的厚度　　D. 溶液的浓度
14. 紫外可见分光光度计的使用波长范围为（　　）。
　　A. 200～400nm　　　B. 400～780nm　　　C. 200～1000nm　　D. 780～1000nm
15. 测得某有色溶液透光度为 τ，则吸光度 A 为（　　）。
　　A. τ　　　　　　B. $-\tau$　　　　　C. $\lg\tau$　　　　D. $-\lg\tau$

任务二　紫外可见分光光度法测定苯甲酸浓度仿真实验操作步骤

操作演示

实验总览界面图如下。

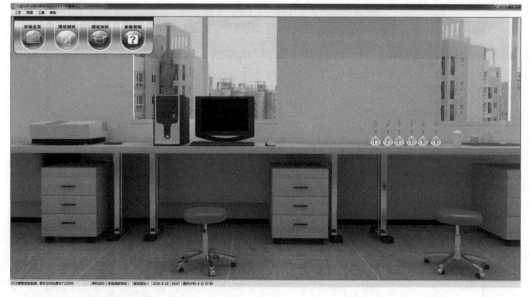

单击左上角实验总览图标，弹出实验总览窗口。

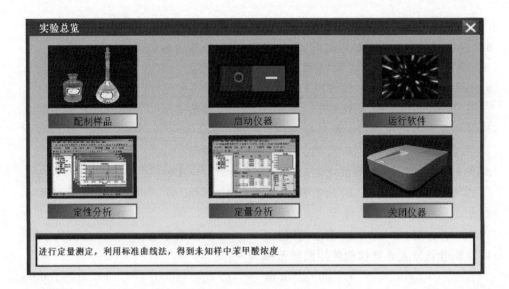

一、实验准备

单击仿真操作区的玻璃仪器区域。

弹出标样"配制标准溶液"界面。

单击"移液管取液(ml)"，弹出"移液管取标准液"的对话框，输入移取标准液量1mL，回车确认后，确认取液量。

单击"装入1号容量瓶并稀释至刻度线"，即可配制浓度为1mg/L标准样品1号，同样方法，分别输入移取标准液量2mL、4mL、6mL、8mL，单击"装入2、3、4、5号容量瓶并稀释至刻度线"，配制浓度为2mg/L、4mg/L、6mg/L、8mg/L标准样品2号、3号、4号、5号。配制完成的标准溶液如下图。

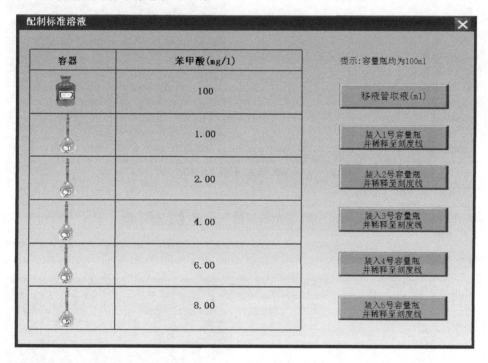

二、启动仪器

单击场景中紫外分光光度计开关。

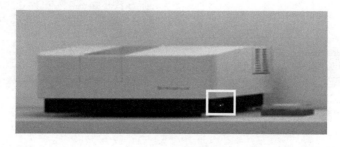

弹出紫外分光光度计电源开关 ，单击仪器开关，打开紫外分光光度计电源：

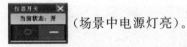（场景中电源灯亮）。

单击场景中电脑主机电源 ，启动电脑 。

单击场景中电脑屏幕上工作站图标 ，启动工作站软件。

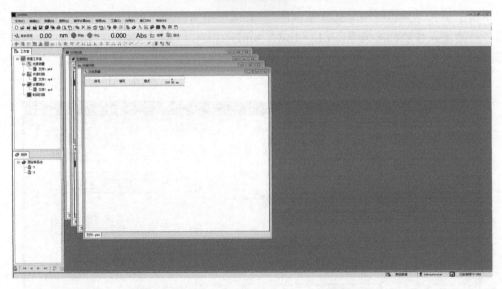

单击工作站软件左侧工作室中的"光谱扫描"图标 光谱扫描，显示光谱扫描界面。

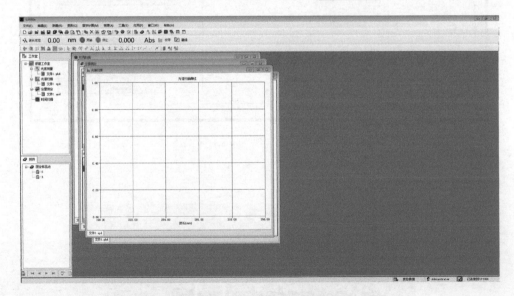

单击工具栏"参数设置"图标 ，进行光谱扫描参数设置。

设置光度方式为"Abs",设置扫描参数起点为"500",终点为"200",速度为"快",间隔为"1.0nm",设置显示范围最大为"1.5",最小为"0",单击"确定"按钮,完成光谱扫描参数设置。

三、标准样品定性分析

单击实验室场景中的比色皿盒 ,弹出比色皿对话框,如下图。

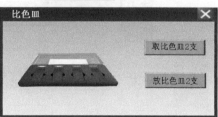

单击"取比色皿2支"。

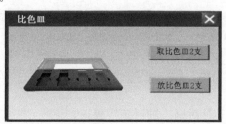

单击主场景中的紫外分光光度计,弹出"进样"窗口。

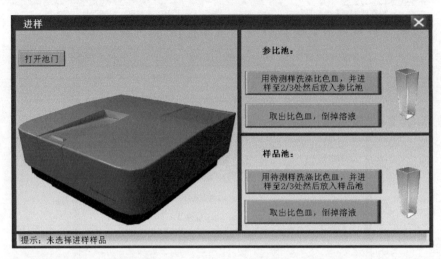

单击"打开池门"。

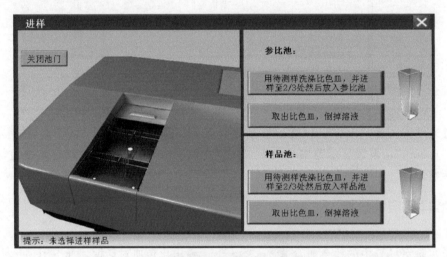

① 参比池:选取场景中的蒸馏水 ,单击" 用待测样洗涤比色皿,并进样至2/3处然后放入参比池 "。

② 样品池:选取蒸馏水 ,单击" 用待测样洗涤比色皿,并进样至2/3处然后放入参比池 ",单击"关闭池门"。

单击工作站软件工具栏"基线校正"图标 ☑ 基线 ,弹出提示对话框。

单击"确定",弹出以下对话框,进行基线校正。

基线校正完毕，弹出下面对话框。

单击"确定"完成基线校正。

打开紫外分光光度计吸收池门，单击样品池下"取出比色皿，倒掉溶液"。

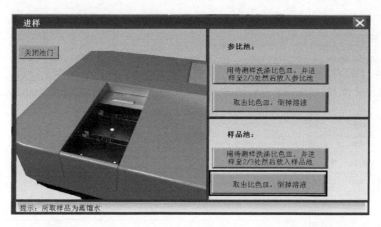

选择 1 号容量瓶 进样，然后单击样品池下面的 " 用待测样洗涤比色皿，并进样至2/3处然后放入样品池 "，单击"关闭池门"。

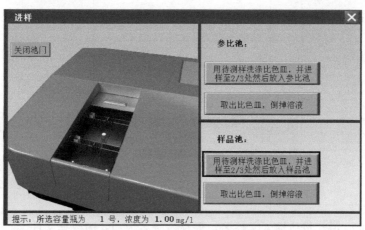

进样完毕,单击工作站软件工具栏中的"开始"按钮 ,弹出以下对话框。单击"确定"。

对 1 号容量瓶样品进行光谱扫描,扫描完毕单击工具栏中的"峰值检出" 按钮,检索出扫描曲线最大峰值及其所对应的波长(如下图对应的波长为 224nm),此波长即为苯甲酸特征波长。

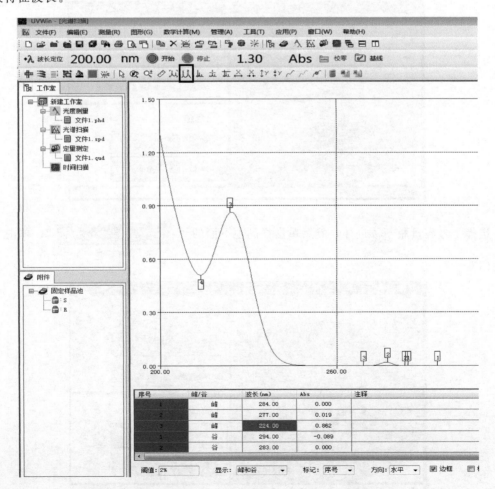

单击"保存"按钮输入文件名,保存后缀名为 spd 的数据文件。

四、定量测定

单击工作站软件左侧工作室中的"定量测定"图标 ，显示定量测定界面如下。

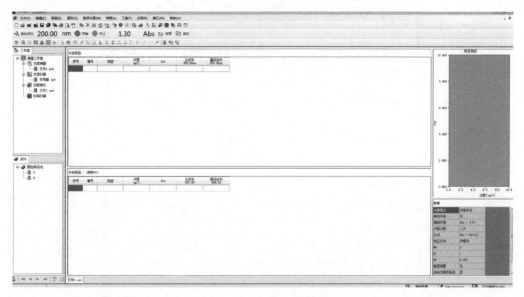

单击工具栏"参数设置"图标 ，进行定量测定参数设置。

设置测量方法为"单波长法",输入主波长值为"224"（由前面光谱扫描结果决定）。

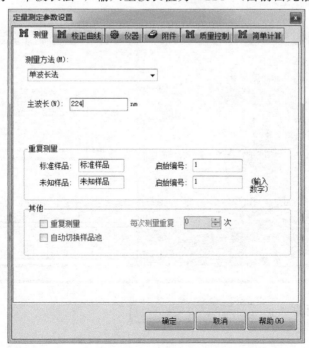

单击"校正曲线" <!-- 校正曲线 --> 页;设置曲线方程为"Abs=f(C)",设置方程次数为"一次",设置浓度单位为"mg/L",设置曲线评估为"无",单击"确定"按钮,完成参数设置。

选择实验室场景中的蒸馏水瓶 ,取出样品池比色皿。

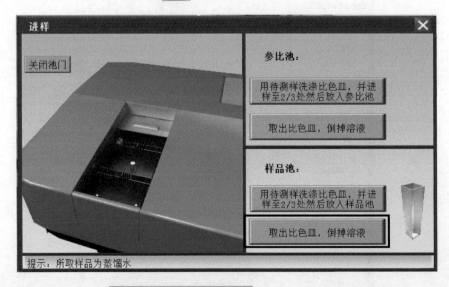

单击样品池下面的" 用待测样洗涤比色皿,并进样至2/3处然后放入样品池 "。

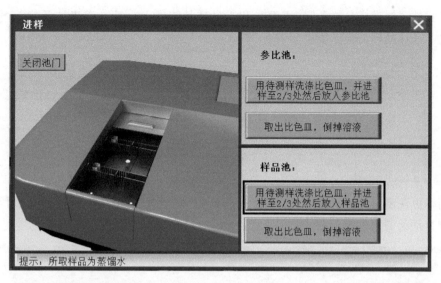

单击"关闭池门"。

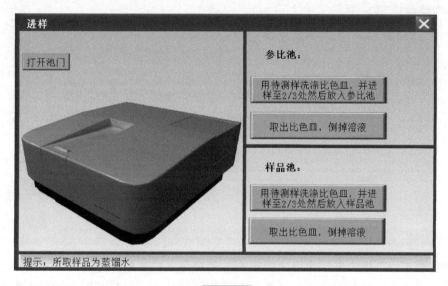

单击工作站软件工具栏中的"校零"  图标,依次弹出以下对话框,单击确定,进行自动校零。

校零完毕,选择实验场景中的 1 号容量瓶溶液 ,加入比色皿并放入样品池;

在工作站软件"标准样品栏",输入编号和1号样品浓度1mg/L,单击"开始" 开始 按钮,测定1号标准样品吸光度值。

标准样品 - (使用中)

序号	编号	类型	浓度 mg/l	Abs	主波长 224.00nm
1	1	标准样品	1		
2	2	标准样品	2		
3	3	标准样品	4		
4	4	标准样品	6		
5	5	标准样品	8		

按同样方法测定2号、3号、4号和5号标准样品吸光度值,测定完毕可以看到工作站软件右侧自动绘制出的校正曲线,如下图。

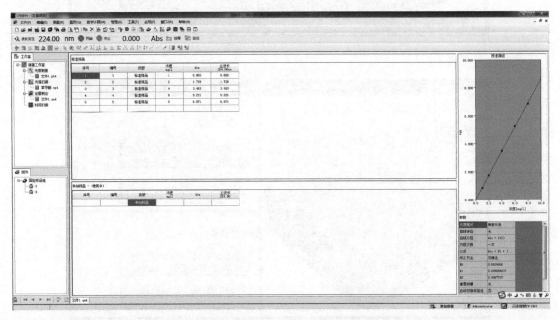

选择实验室场景中的未知苯甲酸浓度的6号样品,将紫外分光光度计样品池比色皿取出,将未知样加入比色皿并放入样品池;在工作站软件"未知样品"一栏输入编号,单击"开始" 开始 ,测定6号未知样品吸光度值,测定完毕软件会自动根据校正曲线算出未知样品苯甲酸浓度填写到"浓度"一栏。

未知样品 - (使用中)

序号	编号	类型	浓度 mg/l	Abs	主波长 224.00
		未知样品			

同样方法,取出样品池比色皿,再次加入6号未知样溶液,进行第二次平行测定。

未知样品 - (使用中)

序号	编号	类型	浓度 mg/l	Abs	主波长 224.00
1	1	未知样品	5.5334	4.781	4.781
2	2	未知样品			

两次平行测量平均值即为 6 号样品苯甲酸浓度。

单击"保存" 按钮输入文件名，保存后缀名为 qud 的数据文件。

五、关机（注意顺序不能颠倒）

① 打开紫外分光光度计进样池门，取出比色皿，单击蒸馏水即可冲洗干净，关闭池门；
② 将比色皿装入比色皿盒；
③ 关闭工作站软件；
④ 关闭计算机；
⑤ 关闭紫外分光光度计电源。

项目三

原子吸收分光光度法测定金属元素含量

任务一 原子吸收分光光度法基本原理简介

原子吸收分光光度法（AAS），又称原子吸收光谱法，是基于物质所产生的原子蒸气对特征谱线的吸收作用来进行定量分析的一种方法。此法是 20 世纪 50 年代出现并逐渐发展起来的一种新型的仪器分析方法，被广泛应用于冶金、化工、农业、食品等各个领域中，它可以直接测定 70 多种金属元素，也可以用间接方法测定一些非金属元素和有机化合物，适用于样品中微量及痕量组分的分析。

原子吸收分光光度法具有以下特点：

(1) 灵敏度高，检出限低。火焰原子吸收分光光度法的检出限可达 10^{-6} g 级；非火焰原子吸收分光光度法的检出限可达 $10^{-10} \sim 10^{-14}$ g。

(2) 准确度高。火焰原子吸收分光光度法的相对误差小于 1%，其准确度接近经典化学方法。石墨炉原子吸收分光光度法的相对误差一般为 3%～5%。

(3) 选择性好。用原子吸收分光光度法测定元素含量时，通常共存元素对待测元素干扰少，若实验条件合适一般可以在不分离共存元素的情况下直接测定。

(4) 操作简便，分析速度快。在准备工作做好后，一般几分钟即可完成一种元素的测定。

(5) 应用广泛。可以直接测定 70 多种金属元素，也可以用间接方法测定一些非金属元素和有机化合物。

(6) 存在的不足之处有：由于分析不同元素，必须使用不同元素灯，因此多元素同时测定尚有困难；有些元素的灵敏度还比较低，对于复杂样品仍需要进行复杂的化学预处理，否则干扰将比较严重。

一、原子吸收光谱分析过程

原子吸收光谱分析过程，如下图所示。试液被喷射成细雾，与燃气、助燃气混合后进入燃烧的火焰中，被测元素在火焰中转化为原子蒸气。光源发射出的特征谱线一部分被待测基态原子蒸气吸收，而未被吸收的部分透射出去，再经分光系统分光后，由检测器接收，产生的电信号经放大器放大，由显示系统显示吸光度或光谱图。

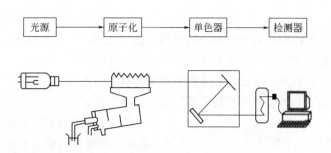

二、原子吸收光谱的产生

1. 基态和激发态

任何元素的原子的核外电子按其能量的高低分层分布具有不同能级，因此一个原子可具有多种能级状态。在正常状态下，原子处于最低能态（这个能态最稳定）称为基态，处于基态的原子称基态原子。基态原子受到外界能量激发时，其外层电子可吸收一定能量而跃迁到不同能态，因此原子具有不同的激发态，其中能量最低的激发态称为第一激发态。

2. 共振线

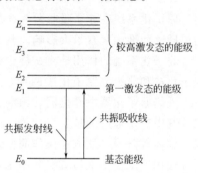

共振吸收线：原子核外电子由基态跃迁到第一激发态所产生的吸收谱线。

共振发射线：电子从第一激发态跃迁回到基态时，则要发射出同样频率的光，从而产生的谱线。利用元素特征谱线可以进行定量分析。

共振线：共振吸收线和共振发射线都简称为共振线，由于不同元素的原子结构和外层电子排布各不相同，所以不同元素的共振线也就不同，各有特征，把每种元素的共振线又称为"特征谱线"。共振线的产生如下图所示。

三、原子吸收分光光度计的主要部件

原子吸收光谱分析用的仪器称为原子吸收分光光度计或原子吸收光谱仪，主要由光源、原子化系统、分光系统、检测系统四个部件组成，如下图所示。

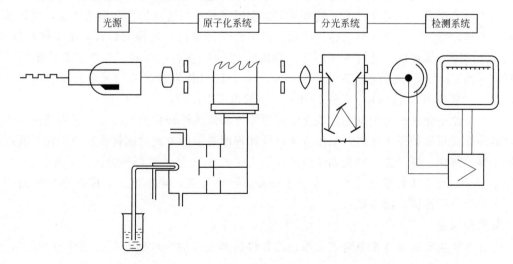

1. 光源

　　光源的作用是发射待测元素基态原子吸收所需的特征谱线，供测量用。为了保证峰值吸收的测量，要求光源必须能发射出比吸收线宽度更窄，并且强度大而稳定、背景低、使用寿命长的锐线光源。原子吸收分光光度计广泛使用的光源是空心阴极灯。空心阴极灯由一个钨棒上镶钛丝或钽片的阳极和一个由发射所需特征谱线的金属或合金制成的空心筒状阴极组成，其构造可见下图。不同元素作阴极材料可制成不同的空心阴极灯，单元素的空心阴极灯只能用于测定一种元素，每次测定前需要更换空心阴极灯，并在工作站设置中进行测定元素的选择。空心阴极灯发光强度与工作电流有关，增加电流可以增加发光强度，实际工作中，应选择合适的工作电流，工作电流是空心阴极灯的主要操作参数。

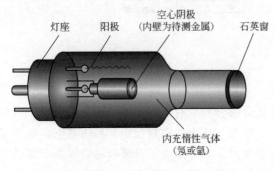

2. 原子化系统

　　原子化系统在原子吸收分光光度计中是一个关键装置，它的质量对原子吸收光谱分析法的灵敏度和准确度有很大影响，甚至起到决定性的作用，也是分析误差最大的一个来源。

　　原子化系统的作用是将试样中待测元素转化为基态原子蒸气，实现原子化的方法有火焰原子化法和非火焰原子化法两种，其中火焰原子化法是利用火焰热能使试样转化为气态原子。火焰原子化器由雾化器、预混合室和燃烧器三部分组成。火焰原子化器主要采用化学火焰，其中应用最广的是空气-乙炔（Air-C_2H_2）火焰。火焰原子化过程包括雾滴脱溶剂、蒸发、解离等阶段。此方法操作简便，重现性好，有效光程大，对大多数元素有较高灵敏度，因此应用广泛。本次仿真实验中采用的就是 Air-C_2H_2 火焰原子化法。但火焰原子化法原子化效率低，灵敏度不够高，而且一般不能直接分析固体样品。

　　火焰的温度是影响原子化效率的基本因素，火焰温度由火焰种类和火焰燃烧状态来确定。当火焰种类选定后，还要选合适的助燃比（助燃气与燃气流量比）。火焰有三种燃烧状态：一是化学计量焰（中性火焰），其燃气和助燃气基本上按化学计量比混合，这种火焰层次清晰温度高、干扰少且稳定，除少数金属元素外，大多数金属元素都用化学计量焰测定；二是贫燃焰，其燃气与助燃气之比小于化学计量比，这种火焰燃烧完全、氧化性较强，不利于还原产物的形成，且温度较低，故常用于碱金属元素及高熔点惰性金属的测定，但是重现性差；三是富燃焰，其燃气与助燃气比超过正常化学计量比，这种火焰含大量未燃尽燃气，火焰层次模糊，呈黄色，具有强还原性，温度在 2300K 左右，有利于易生成氧化物的元素的测定，如 Cr、Mo、Sn 等。不过对 Si、Be、Al、Ti 等特别难解离的元素的原子化还有困难，此时，常选用 C_2H_2-N_2O 焰进行测定，当然也可以用石墨炉原子化器。

　　非火焰原子化法是利用电加热或化学还原等方法使试样转化为气态原子。常用的电热原子化器是管式石墨炉原子化器，采用直接进样和程序升温的方式对试样进行原子化，其过程包括干燥、灰化、原子化、净化四个阶段。石墨炉原子化器主要包括炉体、电源、冷却水、气路系统等。此方法效率远比火焰原子化法高，检出限低，灵敏度高，体积小，样品用量小，可直接分析固体、液体试样。

3. 分光系统

　　分光系统主要的部件是单色器，单色器是将待测元素的吸收线与邻近谱线分开的装置，由入射狭缝、出射狭缝和色散元件（棱镜或光栅）组成。

4. 检测系统

检测系统是由光电元件、放大器和显示装置组成的。光电元件一般采用光电倍增管，其作用是将经过原子蒸气吸收和单色器分光后的微弱信号转换为电信号；放大器的作用是将光电倍增管输出的电压信号放大后送入显示器；显示装置是指放大器放大后的信号经对数转换器转换成吸光度信号，再采用微安表或检流计直接指示读数，或用数字显示器显示，或记录仪打印。

四、原子吸收分光光度计的类型

原子吸收分光光度计按光束形式可分为单光束和双光束两类，按波道数目又可分为单道、双道和多道。使用比较广泛的是单道单光束和单道双光束原子吸收分光光度计。

1. 单道单光束原子吸收分光光度计

"单道"是指仪器只有一个光源，一个单色器，一个显示装置，每次只能测一种元素。"单光束"是指从光源中发出的光仅以单一光束的形式通过原子化器、单色器和检测系统。这类仪器简单，操作方便，体积小，价格低，能满足一般原子吸收分析的要求。其缺点是不能消除光源波动造成的影响，即无法消除基线漂移。

2. 单道双光束原子吸收分光光度计

"双光束"是指从光源发出的光被切光器分成两束强度相等的光。两束光被原子化器后面的反射镜反射后，交替地进入同一单色器和检测器，检测器将接收到的脉冲信号进行光电转换，并由放大器放大，最后由读出装置显示。这类仪器输出信号较稳定，但是火焰扰动和背景吸收影响无法消除。

五、原子吸收光谱分析实验技术

1. 试样的制备和预处理

试样制备的第一步是取样，取样要有代表性，取样量大小要适当，样品的存放容器材质要根据测定要求而定，一般情况无机样品溶液应置于聚氯乙烯容器中，并维持必要的酸度，存放于清洁、低温、阴暗处；有机样品存放时应避免与塑料、胶木瓶盖等物质直接接触。

原子吸收光谱分析通常是溶液进样，被测样品需要事先转化为溶液样品。其处理方法与通常的化学分析相同，要求试样分解完全，在分解过程中不引入杂质和造成待测组分的损失，所用试剂及反应产物对后续测定无干扰。通常无机试样首先考虑能否用水溶解，若不溶于水，则用酸溶法、碱溶法和熔融法。

2. 标准样品溶液的配制

标准样品的组成要尽可能接近未知试样的组成。配制标准溶液通常使用各元素合适的盐类来配制。标准溶液的浓度下限取决于检出限，从测定精度的观点出发，合适的浓度范围应该是在能产生 0.2~0.8 单位吸光度或 15%~65% 透射比之间的浓度。

六、定量分析方法

原子吸收光谱仪定量分析的依据是朗伯-比尔定律，定量分析的方法常用的有：标准曲线法和标准加入法。标准曲线法与紫外可见分光光度法的标准曲线法相似，本次仿真实验选用标准曲线法进行定量分析。

先配制一组浓度合适的标准溶液,在最佳测定条件下,由低浓度到高浓度依次测定它们的吸光度,然后以吸光度 A 为纵坐标,以标准溶液浓度 c 为横坐标,绘制吸光度-浓度(A-c)的工作曲线。在相同的条件下,测定样品的吸光度,利用工作曲线,用内插法求出待测元素的浓度。如下图所示。

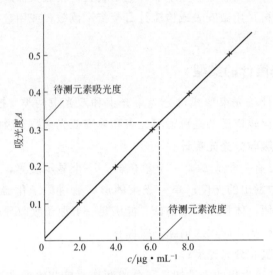

七、日本岛津 AA6300 原子吸收分光光度计简介

1. 技术参数

测定波长范围:185~900nm。

衍射光栅刻线数:1800 条/mm。

焦距:298mm。

闪耀波长:250nm。

测光方式:火焰:光学双光束;石墨炉:电子双光束。全自动切换。

检测器:光电倍增器(短波段)和光电二极管(长波段)自动切换。

背景校正方式:火焰和石墨炉分析都具备全波长范围内背景校正功能。

2. 主要特点

(1) 火焰和石墨炉切换简便。由火焰切换成石墨炉,只需卸下燃烧器头,装上石墨炉主体部分即可,不需工具,简单快捷,高度自动化功能,保证了操作的便捷可靠。

(2) 火焰气体流量、各燃烧器头高度自动控制。火焰气体流量自动控制、燃烧器观察高度自动控制,因此在连续测定时可根据测定样品和元素而自动设置最优的参数条件。

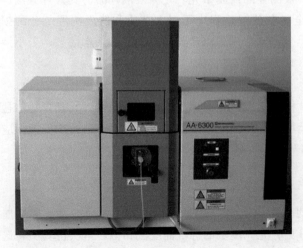

(3) 双光束光学系统校正了光源能量漂移的影响,基线稳定性大幅度提高。
(4) 实现了高灵敏度的测定。

八、自测练习

1. 原子吸收光谱法常用的光源是（　　）。
   A. 氢灯　　　　　　B. 火焰　　　　　　C. 电弧　　　　　　D. 空心阴极灯
2. 原子吸收分光光度计由光源、（　　）、单色器、检测器等主要部件组成。
   A. 电子耦合等离子体　　　　　　B. 空心阴极灯
   C. 原子化器　　　　　　　　　　D. 辐射源
3. C_2H_2-Air 火焰原子吸收法测定较易氧化但其氧化物又难分解的元素（如 Cr）时,最适宜的火焰是（　　）。
   A. 化学计量焰　　　B. 贫燃焰　　　　　C. 富燃焰　　　　　D. 明亮的火焰
4. 贫燃焰是其燃气与助燃气之比（　　）化学计量比的火焰。
   A. 大于　　　　　　B. 小于　　　　　　C. 等于
5. 原子吸收光谱法是基于物质所产生的原子蒸气对特征谱线的吸收作用,符合（　　）,即吸光度与待测元素的含量成正比而进行分析检测的。
   A. 多普勒效应　　　　　　　　　　B. 朗伯-比尔定律
   C. 光电效应　　　　　　　　　　　D. 乳剂特性曲线
6. 有甲、乙两个不同浓度的同一有色物质的溶液,用同一波长的光测定,当甲溶液用 1cm 比色皿,乙溶液用 2cm 比色皿时,获得的吸光度值相同,则它们的浓度关系为（　　）。
   A. 甲是乙的二分之一　　　　　　B. 乙是甲的两倍
   C. 甲等于乙　　　　　　　　　　D. 乙是甲的二分之一
7. 原子吸收分光光度法适宜用于（　　）。
   A. 元素定性分析　　　　　　　　B. 痕量定量分析
   C. 常量定量分析　　　　　　　　D. 半定量分析
8. 富燃焰是其燃气与助燃气之比（　　）化学计量比的火焰。
   A. 大于　　　　　　B. 小于　　　　　　C. 等于
9. 空心阴极灯的主要操作参数是（　　）。
   A. 工作电流　　　　B. 灯电压　　　　　C. 阴极温度　　　　D. 内充气体压力
10. 在原子吸收分析中,测定元素的灵敏度、准确度及干扰等,在很大程度上取决于（　　）。
    A. 空心阴极灯　　　B. 火焰　　　　　　C. 原子化系统　　　D. 分光系统

任务二　原子吸收分光光度法测定金属元素含量仿真实验操作步骤

操作全景图如下。

操作演示

一、实验前准备：配制标准测定样品

单击仿真操作界面上的标准样品容量瓶  ，弹出配制标准样品的对话框如下。

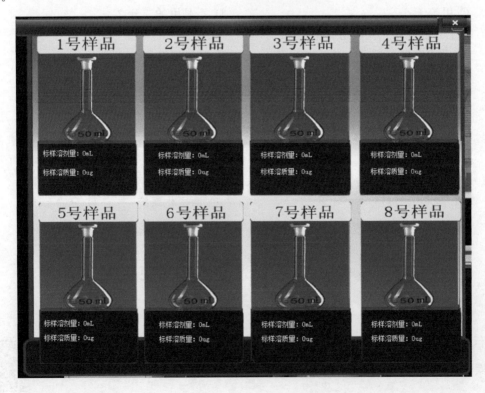

按照工作站软件中的样品设置，进行 1 号标准样品设置：设置 1 号样品浓度为 $0\mu g/mL$，即设置标样溶剂量为 50mL，标样溶质量为 $0\mu g$。

具体操作如下：

先单击 1 号样品下 [标样溶剂量：0mL]，弹出"标准样 1 溶剂配置"对话框，如下图，并在输入点值中输入"50"，按 Enter 键确认。

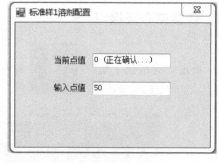

再单击 [标样溶质量：0ug]，弹出"标准样 1 溶质加入配置"对话框如下图，并在输入点值中输入"0"，按 Enter 键确认。

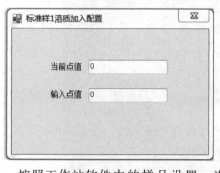

按照工作站软件中的样品设置，进行 2 号标准样品设置：设置标样 2 浓度为 $0.5\mu g/mL$，即设置标样溶剂量为 50mL，标样溶质量为 $25\mu g$（具体操作过程同标准样 1）。

按照工作站软件中的样品设置，进行 3 号标准样品设置：设置标样 3 浓度为 $1.0\mu g/mL$，即设置标样溶剂量为 50mL，标样溶质量为 $50\mu g$（具体操作过程同标准样 1）。

按照工作站软件中的样品设置，进行 4 号标准样品设置：设置标样 4 浓度为 $2.0\mu g/mL$，即设置标样溶剂量为 50mL，标样溶质量为 $100\mu g$（具体操作过程同标准样 1）。

标准样品配制完成后如图所示，检查溶液浓度是否正确。

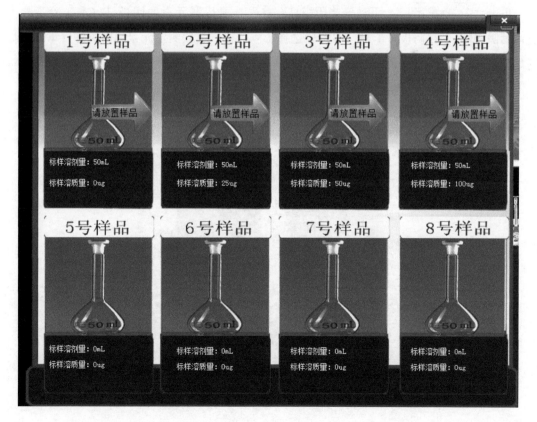

二、安装空心阴极灯

单击"光谱仪主机" 的侧面黑色玻璃罩,弹出以下界面。

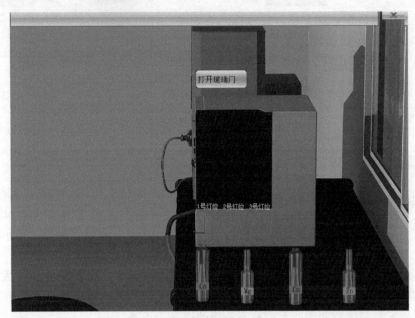

单击" 打开玻璃门 ",手动安装阴极灯:首先选取待测元素的阴极灯(本实验步骤下,选择钙阴极灯),在阴极灯卡槽(本实验选择 1 号灯位)放置测定元素的阴极灯(单击钙灯,钙灯闪烁的同时,再单击灯位即可把灯放进去)。最后单击" 点击关闭玻璃 "。

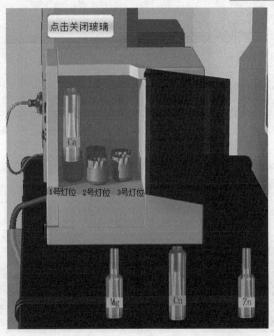

在现场操作界面中,单击光谱仪主机的非玻璃区域的界面,弹出左下图。

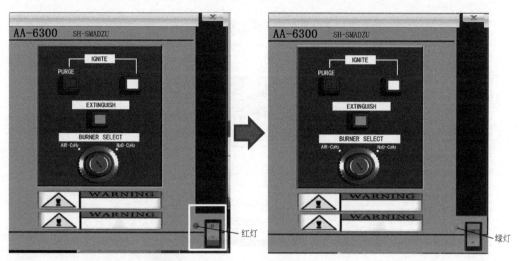

单击光谱仪电源开关 ,工作指示灯由红色变成绿色表示电源开关已打开,可见彩图 3。

三、启动电脑和软件基本操作

单击电脑主机上的电源按钮 ,电脑启动,见彩图 4。

单击电脑桌面,启动 WizAArd 软件,进入"原子吸收工作站"界面,如下图。

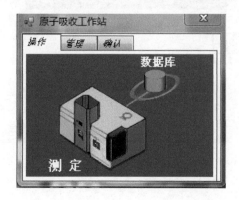

单击"原子吸收工作站"界面上"测定",弹出登录界面,如下图。

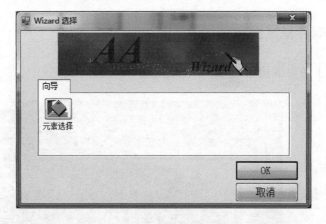

Admin 登录:在出现的登录界面,在 Login ID 处输入 Admin(不区分大小写),然后单击"OK",进入工作站设置界面。

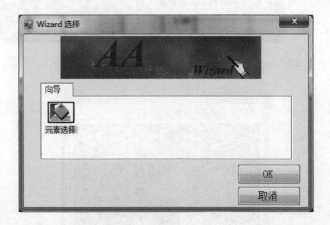

Wizard 选择:在出现的"Wizard 选择"界面,复选"元素选择"。

然后单击"OK",进入"元素选择"界面。

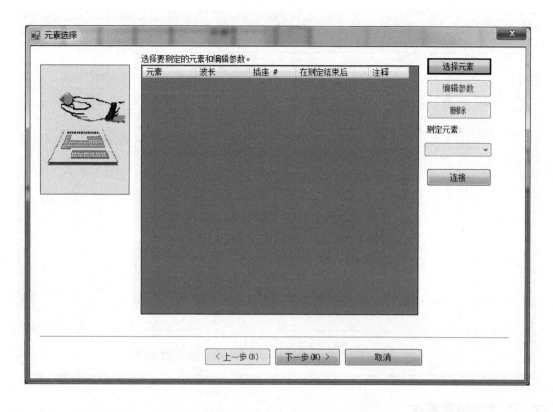

单击"选择元素",在弹出的"装载参数"界面设置参数,在本实验下选择 Ca 元素作为实验对象,选择"火焰连续"测定方法(默认的方法)。

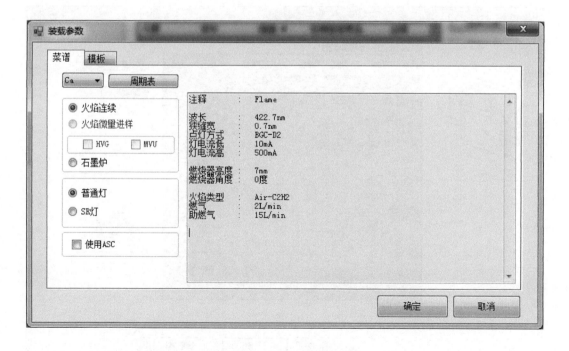

单击"确定"按钮,回到"元素选择"界面。

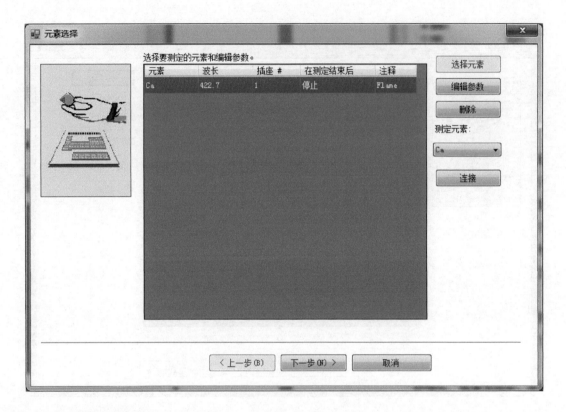

四、工作站设置操作

单击"下一步"进行"校准曲线设置"和"样品组设置"。

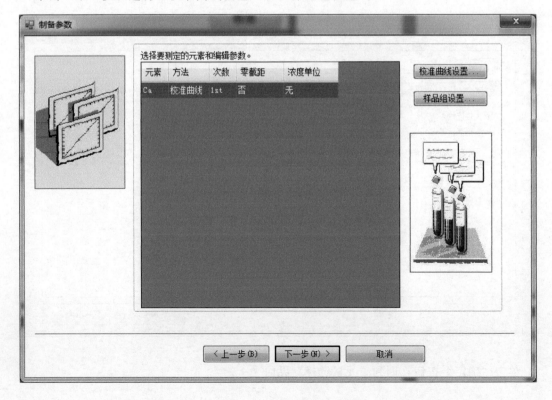

1. 校准曲线设置

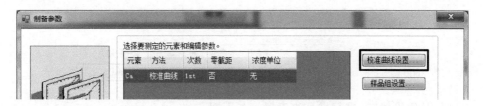

单击"校准曲线设置",进入设置界面。

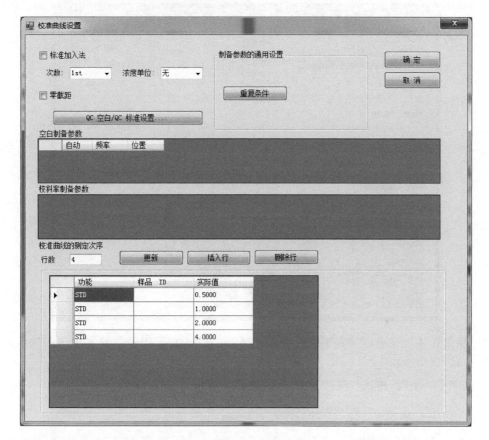

单击"重复条件",设置试验重复测定条件(默认),单击"确定"按钮。

单击"校准曲线设置"完毕之后,单击"确定"按钮(默认)。

2. 样品组设置

单击"样品组设置",进行样品组设置,如下图。

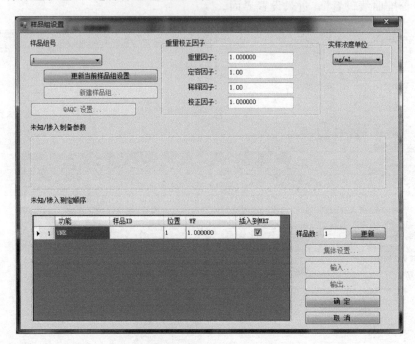

"样品组设置"完毕后(实样浓度单位选择 $\mu g/mL$,校正因子、测定次序、样品数设置均为默认),单击"确定"。

单击"下一步",进入"连接仪器/发送参数"界面。

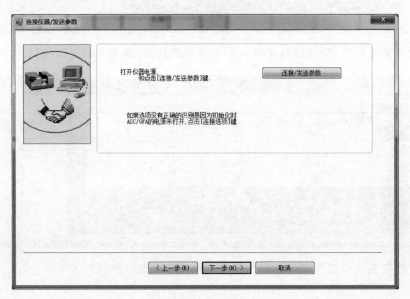

在该界面单击"连接/发送参数"按钮,开始数据同步通信,弹出以下界面。

单击确认,弹出"初始化"界面,初始化结束后弹出消息窗口,分别单击"确认",进行"燃气压力监控检查""助燃气压力监控器检查"和"废液探头检查",如下图。

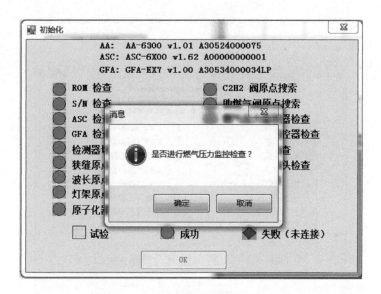

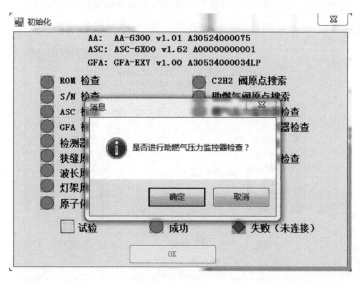

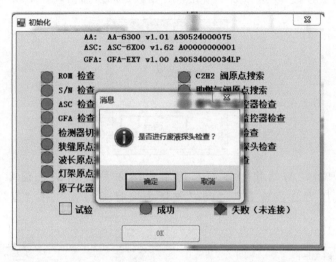

"初始化"检查完成后,单击"OK"按钮。

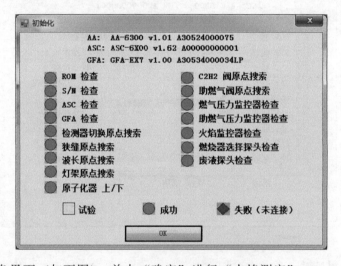

在弹出的消息界面(如下图),单击"确定"进行"火焰测定"。

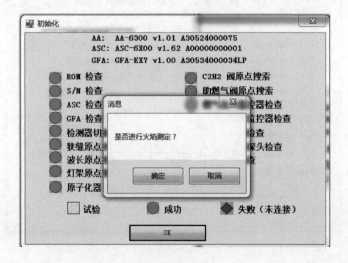

在"火焰分析的仪器检查目录"中选择所有的项目（勾选复选框），如下图，然后单击"OK"按钮。

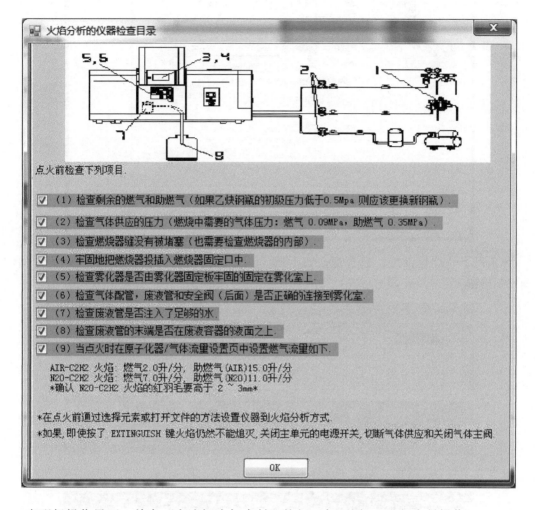

在现场操作界面，单击"废液探头加水封"按钮（如下图），进行水封操作。

在工作站"连接仪器/发送参数"界面，单击"下一步"，在"光学参数"界面（如下图）进行灯位设置：单击"灯位设置"按钮。

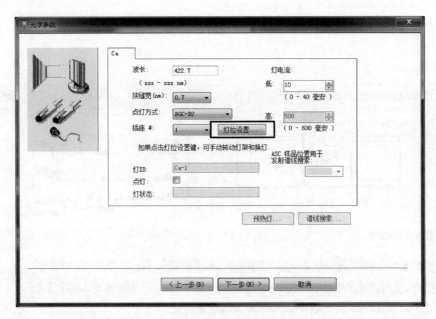

弹出以下"灯位设置"选择框，如下图，Ca-1 为测定元素钙的选择灯位，然后单击"确定"按钮。

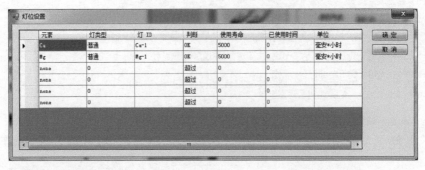

在"光学参数"界面，勾选"点灯"复选框。

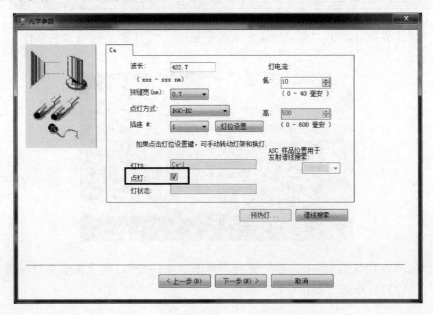

在"光学参数"界面,单击"谱线搜索"。

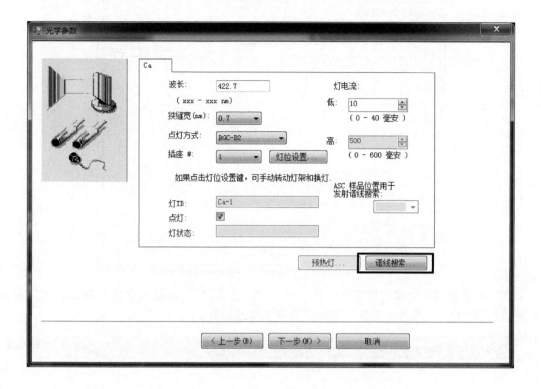

弹出"谱线搜索/光束平衡"窗口(如下图),单击"进行谱线搜索"按钮。

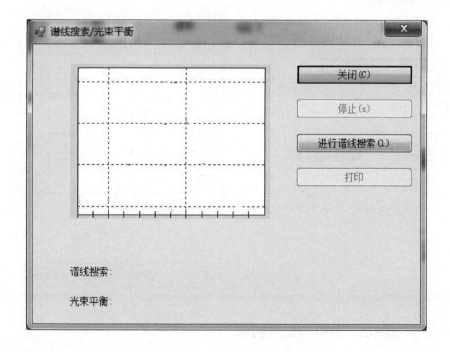

"谱线搜索"结束后,出现如下谱线图,单击"关闭"按钮。

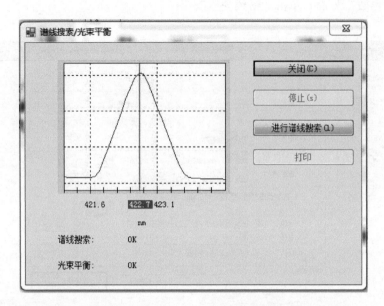

在"光学参数"界面,单击下一步,进入"原子化器/气体流量设置"界面,火焰类型选择"Air-C_2H_2",单击"完成"按钮,完成工作站设置。

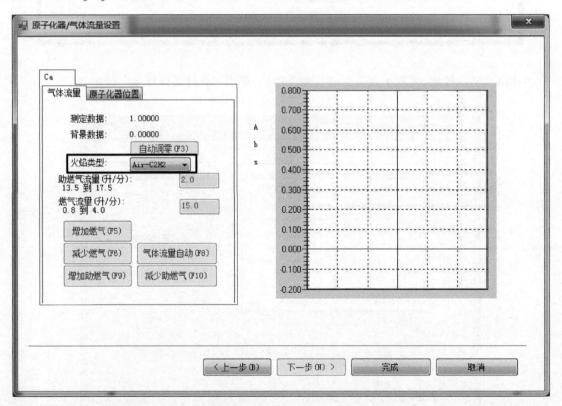

五、启动空气压缩机,并打开燃气钢瓶

空气压缩机如下图所示。

打开空气压缩机开关 按钮,弹出以下界面:

将上面的绿色按钮从"○"打到"—"位,启动压缩机。

单击智能气瓶柜,弹出以下界面。

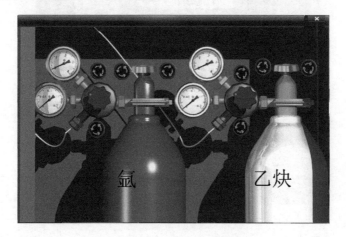

选择乙炔钢瓶，并单击一级阀（逆时针为开），如下图，保证一级压力在 0.5MPa 以上。

单击乙炔钢瓶二级阀（顺时针为开），如下图，保证二级压力在 0.01MPa 以上。

然后打开点火器界面，如下图。

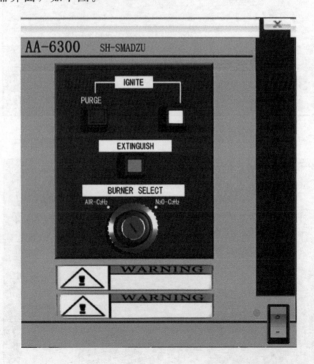

按下 PURGE 按钮 ![PURGE]，不要放手，同时，按下 PURGE 按钮旁边的白色按钮 ![]
（因为电脑操作无法做到同时，因此设置为 3s 内按下即为同时）。白色按钮变黄，光谱仪上有火焰出现，即为点火成功，否则，点火失败。如下图与彩图 5 所示。

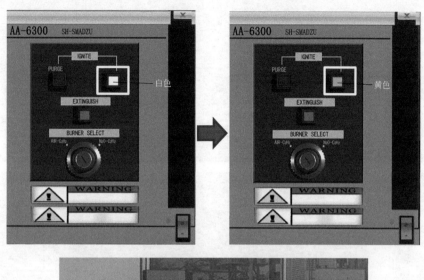

六、测定步骤

在工作站操作界面，单击"自动调零"按钮 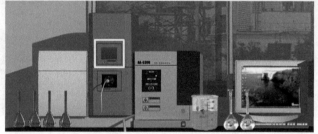，稳定工作站曲线显示如下。

操作演示

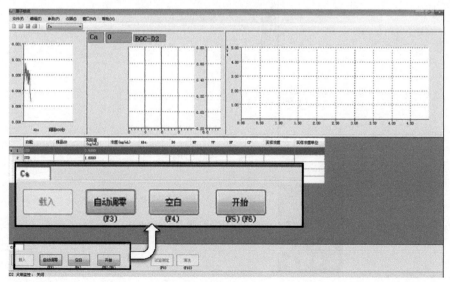

在现场界面，单击超纯水烧杯，超纯水烧杯将移动到原子化器下方，原子化器吸管吸取超纯水，进行清洗（烧杯变化见下图）。

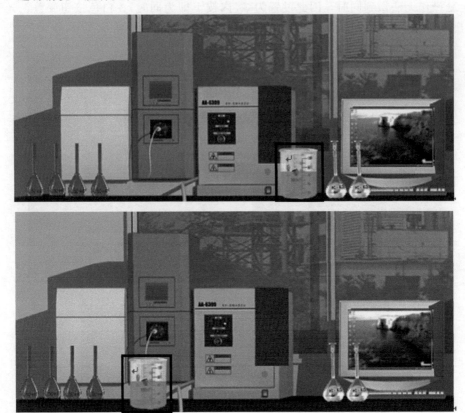

在观察超纯水的吸光度实时曲线平稳后（如下图所示），

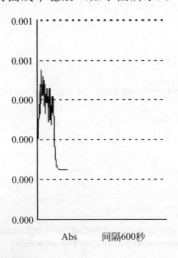

单击主界面的空白容量瓶 （左侧容量瓶为未知样品，右侧容量瓶为空白样品），

放置空白样品，为标准样 1 测定做准备。曲线走势平稳后，在工作站上单击"空白"按钮，记录空白样的值（如下图）。

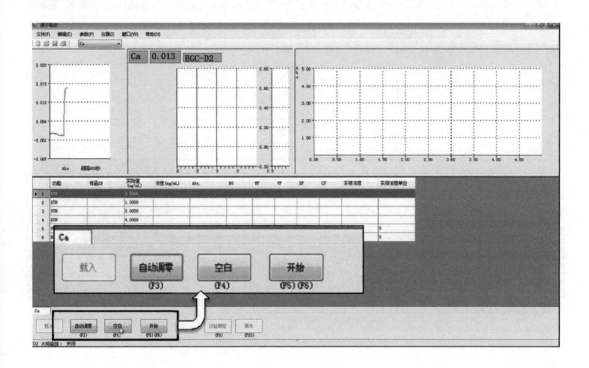

在现场界面，单击超纯水烧杯，超纯水烧杯将移动到原子化器下方，原子化器吸管吸取超纯水，进行清洗。

在观察超纯水的吸光度实时曲线平稳后（如下图所示），单击 1 号样品界面的"请放置样品"按钮，放置标准样品 1，显示"放置完毕"，为标准样 1 测定准备。

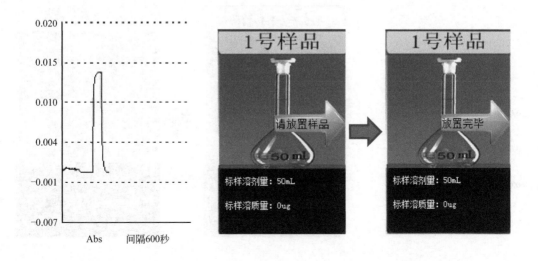

观察标样 1 的吸光度实时曲线，曲线走势平稳后，在工作站上单击"开始"按钮，获取第 1 个标准样的吸光度值。

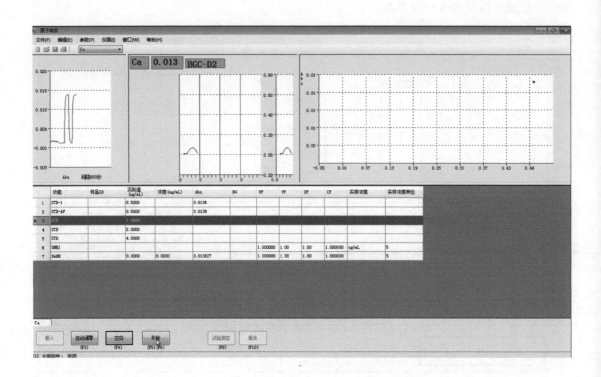

在现场界面，单击超纯水烧杯，超纯水烧杯将移动到原子化器下方，原子化器吸管吸取超纯水，进行清洗。

在观察超纯水的吸光度实时曲线平稳后（如下图所示），单击 2 号样品界面的"请放置样品"按钮，放置标准样品 2，显示"放置完毕"，为标准样 2 测定准备。

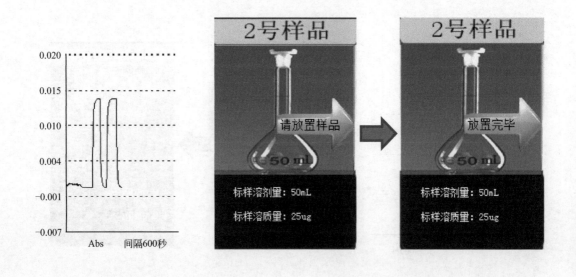

观察标样 2 的吸光度实时曲线，曲线走势平稳后，在工作站上单击"开始"按钮，获取第 2 个标准样的吸光度值。

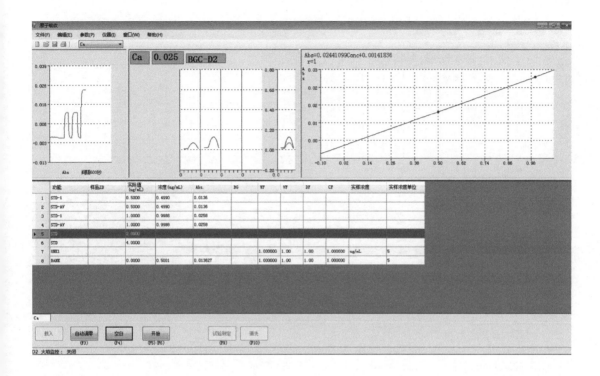

在现场界面，单击超纯水烧杯，超纯水烧杯将移动到原子化器下方，原子化器吸管吸取超纯水，进行清洗。

在观察超纯水的吸光度实时曲线平稳后（如下图所示），单击 3 号样品界面的"请放置样品"按钮，放置标准样品 3，显示"放置完毕"，为标准样 3 测定准备。

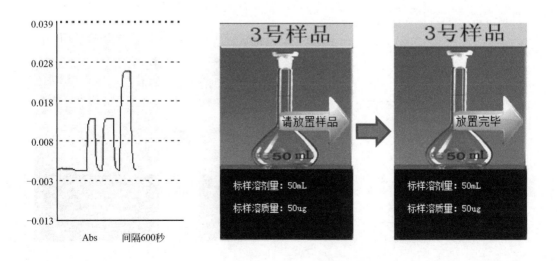

观察标样 3 的吸光度实时曲线，曲线走势平稳后，在工作站上单击"开始"按钮，获取第 3 个标准样的吸光度值。

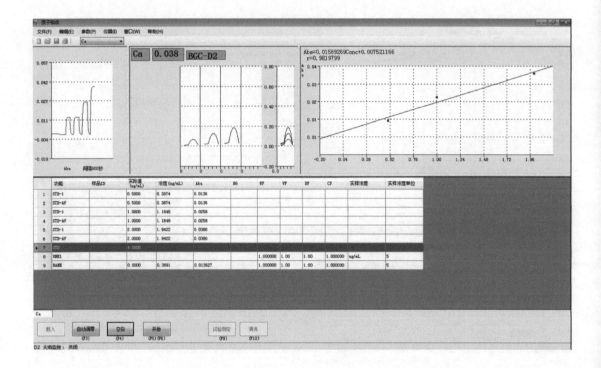

在现场界面，单击超纯水烧杯，超纯水烧杯将移动到原子化器下方，原子化器吸管吸取超纯水，进行清洗。

在观察超纯水的吸光度实时曲线平稳后（如下图所示），单击 4 号样品界面的"请放置样品"按钮，放置标准样品 4，显示"放置完毕"，为标准样 4 测定准备。

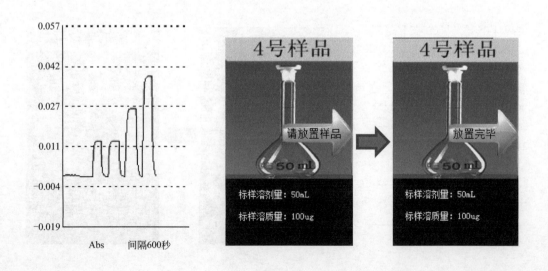

观察标样 4 的吸光度实时曲线，曲线走势平稳后，在工作站上单击"开始"按钮，获取第 4 个标准样的吸光度值。

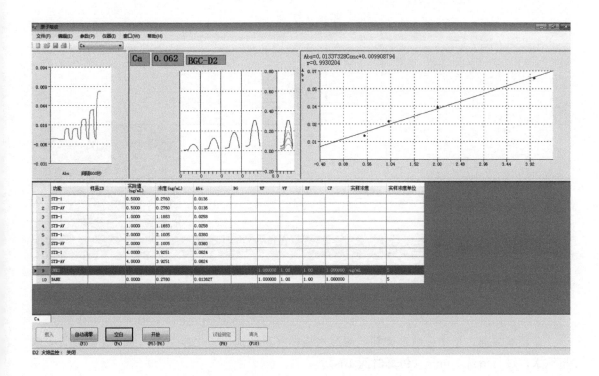

在现场界面，单击超纯水烧杯，超纯水烧杯将移动到原子化器下方，原子化器吸管吸取超纯水，进行清洗。

未知样品测定：将未知样品放置到喷雾位置，为未知样的测定做准备。观察未知样的吸光度实时曲线，曲线走势平稳后，在工作站上单击"开始"按钮，获取未知样的吸光度值。

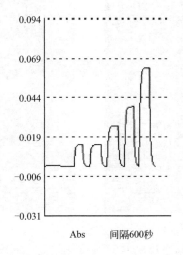

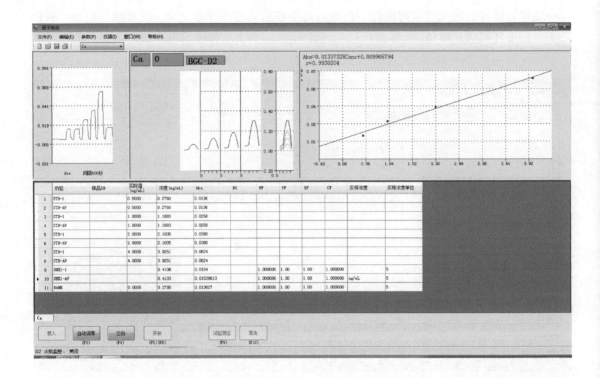

在现场界面，单击超纯水烧杯，超纯水烧杯将移动到原子化器下方，原子化器吸管吸取超纯水，进行清洗 10min（仿真时间 10s）。

七、结束试验操作

按光谱仪界面上的红色熄火键"关火"。黄色按钮变为白色，见下图及彩图 6。

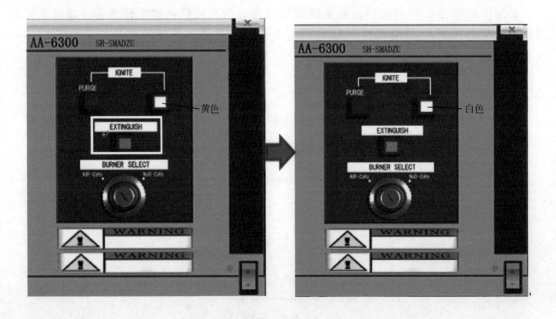

关闭乙炔钢瓶一级阀门（顺时针为关），直到压力表指针到 0（如下图）。

然后在点火器界面，按下 PURGE 按钮，不要放手，同时，按下 PURGE 按钮旁边的白色按钮（因为电脑操作无法做到同时，因此设置为 3s 内按下即为同时）。

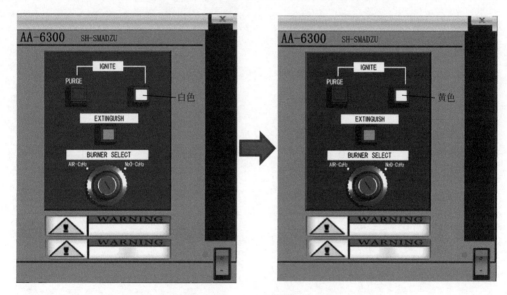

注意：白色按钮变为黄色（同彩图 5），操作成功，否则，失败。

关闭乙炔钢瓶二级阀门（逆时针为关）。保证乙炔钢瓶的总表的压力为零；保证乙炔钢瓶的分表的压力为零，如下图。

在压缩机操作面板，单击绿色开关按钮，关闭压缩机电源。直到压力表降为 0。

最后依次关闭光谱仪主机上的电源按钮，关闭计算机，关闭工作站软件。

项目四

气相色谱法测定混合物中的苯系物含量

任务一　气相色谱法基本原理简介

本项目测定的混合物中含有苯、甲苯、二甲苯三种苯系物，用丙酮作溶剂，利用气相色谱法测定三种苯系物的含量。

色谱法是一种多组分混合物的分离、分析方法。气相色谱法（GC）是以气体作为流动相的色谱法，能解决那些物理常数相近、化学性质相似的同系物、异构体等复杂组分混合物的分离和检测，目前已成为有机合成、天然产物研究、生物化学、石油化工、医药工业以及环境监测等各个领域中不可缺少的一种重要分析手段。

气相色谱法具有以下特点：

① 分离效率高。可用于分离性质极为相似的复杂混合物，如有机同系物、异构体、同位素等。

② 灵敏度高。可以检测出 $10^{-11} \sim 10^{-13}$ g 的痕量物质。

③ 分析速度快。一般只需几分钟或几十分钟，就可以完成一个试样的分离分析。

④ 应用范围广。不仅可以分析气体，还可以分析液体和固体。

⑤ 存在的不足之处有：不能直接给出定性的结果，不能用来直接分析未知物，必须用已知纯物质的色谱图和它对照，因此被分离组分的定性较为困难。再有，分析无机物、高沸点有机物和具有生物活性的物质比较困难。

一、色谱法及其分类

色谱法是一种分离技术，是对混合物非常有效的分离分析方法。其中的一相固定不动，称为固定相；另一相是携带试样混合物流过此固定相的流体（气体或液体），称为流动相。

色谱法按流动相与固定相的物理状态分类，如表 4-1 所示。

表 4-1 色谱法的分类

流动相	总称	固定相	色谱名称
气体（称为载气）	气相色谱(GC)	固体	气-固色谱(GSC)
		液体	气-液色谱(GLC)
液体	液相色谱(LC)	固体	液-固色谱(LSC)
		液体	液-液色谱(LLC)

在实际工作中，气相色谱法以气-液色谱为主。

二、色谱法分离原理

色谱法实质上是一种物理化学分离方法，由于各组分在性质和结构上的差异，与固定相之间产生的作用力的大小、强弱不同，随着流动相的移动，混合物在两相间经过反复多次的分配平衡，即组分在两相之间进行反复多次的吸附、脱附或溶解、挥发过程，使得混合物中的各组分按一定次序由固定相中流出，从而使各组分得到完全分离。

在气-固色谱中，各组分的分离是基于组分在吸附剂上的吸附和脱附能力的不同，组分在两相之间进行反复多次的吸附、脱附、再吸附、再脱附，其中吸附能力小的、脱附能力大的组分，先流出色谱柱，使各组分彼此分离。

在气-液色谱中，各组分的分离是基于组分在吸附剂上的溶解和挥发能力的不同，组分在两相之间进行反复多次的溶解、挥发、再溶解、再挥发，其中溶解度小的、挥发性大的组分，先流出色谱柱，使各组分彼此分离。

三、色谱图和有关名词术语

（一）色谱图（色谱流出曲线）

色谱图是指试样经色谱分离后的各组分流出色谱柱的时间或流出体积与检测器输出的电信号的变化关系曲线图。一般是以流出时间 t 或流动相的体积 V 为横坐标，以检测器输出的电信号强度 E 为纵坐标，理想的色谱峰应该是正态分布曲线，如下图所示。每一个对应组分的图形称为一个色谱峰。

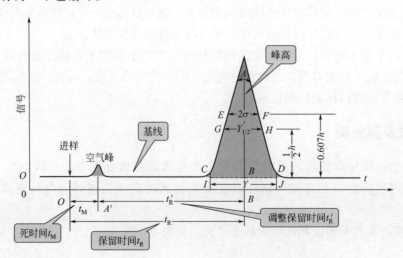

（二）色谱有关名词术语

1. 基线

在实验操作条件下，色谱柱中只有流动相而没有被测试样通过检测器时的响应信号随时间变化的曲线称为基线。实验条件稳定时，基线是一条平行于横坐标的直线。

2. 峰高

色谱峰顶点到基线之间的垂直距离 AB，用 h 表示。

3. 峰面积

每个组分的流出曲线与基线间所包围的面积，用 A 表示。峰高和峰面积是色谱分析的定量依据。

4. 峰宽

峰宽是指色谱峰两侧拐点处所作的切线与基线两交点之间的距离 IJ，用 Y 表示。（拐点：色谱流出曲线上二阶导数为 0 的点，对于正常色谱峰而言拐点在 $0.607h$ 处，即上图中的 I、J。）

5. 半峰宽

色谱峰高一半处的峰宽 GH，用 $Y_{1/2}$ 表示。

6. 标准偏差

标准偏差是指 0.607 倍峰高处色谱峰宽度的一半，用 σ 表示。$Y=4\sigma$，$Y_{1/2}=2.354\sigma$。

7. 保留值

保留值是用来描述各组分色谱峰在色谱图中的位置，在一定实验条件下，组分的保留值具有特征性，是色谱分析的定性参数。保留值通常用时间或用将组分带出色谱柱所需载气的体积来表示，分别称为保留时间或保留体积。

（1）用时间表示的保留值

① 死时间。不与固定相作用的惰性物质（如空气）从进样开始到柱后出现浓度最大值时所需的时间，用 t_M 表示。

② 保留时间。被测组分从进样开始到柱后出现浓度最大值时所需的时间，用 t_R 表示。

③ 调整保留时间。扣除死时间后的保留时间，用 t'_R 表示。

$$t'_R = t_R - t_M$$

（2）用体积表示的保留值

① 死体积。流动相从进样口到检测器出口所占有的空隙体积，用 V_M 表示。

② 保留体积。保留时间内通过的载气体积，用 V_R 表示。

③ 调整保留体积。扣除死体积后的保留体积，用 V'_R 表示。

（3）相对保留值

相对保留值是指一定的实验条件下某组分 i 与另一标准组分 s 的调整保留时间或调整保留体积之比。用 r_{is} 表示。

$$r_{is} = \frac{t'_{Ri}}{t'_{Rs}} = \frac{V'_{Ri}}{V'_{Rs}}$$

相对保留值只与柱温和固定相性质有关，与其他色谱操作条件无关，是色谱定性分析的重要参数。

8. 分配系数

组分在固定相和流动相间发生了多次的吸附、脱附，或溶解、挥发的分配平衡过程。在一定条件下，组分在两相间分配达到平衡时的浓度比，称为分配系数，用 K 表示，即：

$$K = \frac{\text{组分在固定相中的浓度}}{\text{组分在流动相中的浓度}} = \frac{c_s}{c_m}$$

分配系数是由组分、固定相及流动相的性质决定的，还与温度和压力两个变量有关。分配系数是色谱分离的先决条件。

四、色谱分析基本理论

最常见的理论有塔板理论和速率理论。

塔板理论把色谱柱比作一个精馏塔，色谱柱由许多假想的塔板组成（即色谱柱可分成许多个小段）。在每一小段（塔板）内，一部分空间由涂在载体上的液相占据，另一部分空间则充满载气（气相），载气占据的空间称为板体积 ΔV。当欲分离的组分随载气进入色谱柱后，就在两相间进行分配。由于流动相在不停地移动，组分就在这些塔板间隔的气液两相间不断的达到分配平衡。可以用有效塔板高度表示柱效能。

速率理论方程式（范第姆特方程式）：

$$H = A + \frac{B}{\bar{u}} + C\bar{u}$$

式中，H 为塔板高度；$\bar{u}$ 为载气的线速度，$cm \cdot s^{-1}$；A 为涡流扩散项；$\dfrac{B}{\bar{u}}$ 为分子扩散项；$C\bar{u}$ 为传质阻力项。

五、分离度

分离度是既能反映柱效能，又能反映柱选择性的指标，作为色谱柱的总分离效能指标，用来判断相邻两色谱峰的分离情况。分离度的定义为：相邻两组分色谱峰的保留时间之差与两峰底宽度之和一半的比值。表达式为：

$$R = \frac{t_{tR(B)} - t_{tR(A)}}{\frac{1}{2}(W_A + W_B)}$$

两峰相距越远，且两峰越窄，则 R 值就越大，两相邻组分分离就越完全。一般来说，当 $R = 1.5$ 时，两相邻组分分离程度可达 99.7%。当 $R = 1$ 时，分离程度可达 98%；当 $R < 1$ 时，两峰有明显的重叠。因此，通常用 $R \geqslant 1.5$ 作为相邻两峰得到完全分离的指标。

六、气相色谱法的分析流程

由高压钢瓶提供载气 N_2 或 H_2（流动相），经过减压阀减压后进入净化管，以除去载气中杂质和水分，再经过稳压阀和流量计，以稳定的压力和流速连续经过汽化室进入色谱柱。样品从进样口进入汽化室，立即汽化为气体，随载气带入色谱柱中进行分离。分离后的样品随着载气依次进入检测器，检测器将组分的浓度或质量转换为电信号，并经放大器放大后，通过记录仪即可得到其色谱图。如下图所示。

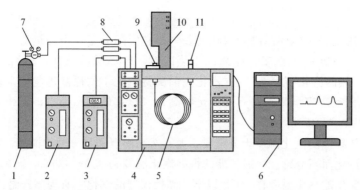

1—高纯氮气瓶；2—空气压缩机；3—氢气发生器；4—色谱仪主机；5—色谱柱；
6—色谱工作站；7—减压阀；8—气体净化管；9—进样口；10—自动进样器；11—检测器

七、气相色谱仪基本构造

气相色谱仪由气路系统、进样系统、分离系统、检测系统、温度控制系统、记录系统（数据处理系统）六大部分组成。

（一）气路系统

气相色谱仪的气路系统是一个载气连续运行的密闭管路系统，包括载气源、助燃气、气体净化装置、气体流速的控制和测量装置等。主要部件有气体钢瓶、减压阀、净化管、稳压阀、针形阀、稳流阀、流量计等。常用的载气有氢气、氮气、氦气。

（二）进样系统

进样系统包括进样器和汽化室两部分，样品由进样器注入汽化室后，瞬间转变为气体，然后由载气将样品气体快速带入色谱柱进行分离。

1. 进样器

液体进样器：液体样品常采用微量注射器直接进样，常用的微量注射器有 $1\mu L$、$5\mu L$、$10\mu L$ 等规格，实际工作中可根据需要选择合适容积的微量注射器。使用时要用待测样品润洗 3 次以上，每次用完要及时清洗进样针。固体样品通常用溶剂溶解后，用微量注射器进样，方法同液体试样。

气体进样器：气体样品常采用六通阀进样，如下图所示。取样时，气体进入定量管，而载气直接由图中 A 到 B，进样时，将阀旋转 60°，此时载气由 A 进入，通过定量管，将管中气体样品带入色谱柱中。定量管有 0.5mL、1mL、3mL、5mL 等规格，实际进行色谱分析时，可以根据需要选择合适体积的定量管。

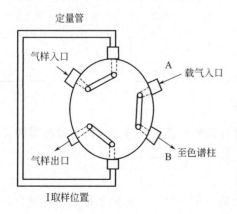
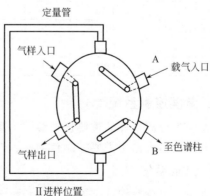

Ⅰ取样位置　　　　　　　Ⅱ进样位置

2. 汽化室

汽化室的作用是将液体样品瞬间汽化为蒸气。它实际上是一个加热器，通常采用金属块作加热体。当用注射器针头直接将样品注入热区时，样品瞬间汽化，然后由预热过的载气（载气先经过已加热的汽化器管路），在汽化室前部将汽化了的样品迅速带入色谱柱内。气相色谱分析要求汽化室热容量要大，温度要足够高，汽化室体积尽量小，无死角，以防止样品扩散，减小死体积，提高柱效。

正确选择液体样品的汽化温度十分重要，尤其对高沸点和易分解的样品，要求在汽化温度下，样品能瞬间汽化而不分解。一般仪器的最高汽化温度为350～420℃，有的可达450℃。大部分气相色谱仪应用的汽化温度在400℃以下，高档仪器的汽化室有程序升温功能。

（三）分离系统

分离系统主要由柱箱和色谱柱组成，其中色谱柱是核心部件，它将试样中混合在一起的多个组分逐次分离成单一组分。在分离系统中，柱箱是一个控温箱。柱箱的控温范围一般在室温至450℃，有些仪器可以进行多阶程序升温控制，以满足色谱优化分离的需要。色谱柱一般有填充柱和毛细管柱两种，如下图所示。

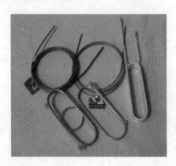

（四）检测系统

被色谱柱分离后的组分依次进入检测器，按其浓度或质量随时间的变化，转化成相应电信号。检测器的性能指标有噪声和漂移、线性和线性范围、灵敏度、检测限、响应时间等。良好的检测器其噪声和漂移都应该很小，其线性接近于1，线性范围越宽越好，其灵敏度越大，检测限越小，响应时间越小，表明检测器性能越好。

常用的气相色谱仪检测器的特点如表4-2所示。

表4-2 常用的气相色谱仪检测器的特点

检测器名称	英文缩写	常用载气	类型	主要用途
热导池检测器	TCD	H_2、He	浓度型，通用型	有机化合物、永久性气体
氢火焰离子化检测器	FID	N_2、Ar	质量型，通用型	有机化合物，特别是碳氢化合物
电子捕获检测器	ECD	N_2、Ar	浓度型，选择型	有机卤素等含电负性物质的化合物
火焰光度检测器	FPD	H_2、He	质量型，选择型	含硫、含磷、含氮化合物

（五）温度控制系统

温度是色谱分离条件的重要选择参数，直接影响色谱柱的分离效能、检测器的灵敏度和稳定性。气相色谱操作中需要控制色谱柱、汽化室及检测器三部分的温度。

（六）记录系统

记录系统，又称数据处理系统，包括放大器、记录仪、计算机数据处理装置及色谱工作站等。通过检测器检测得到的响应值转化成相应的电信号，经放大器放大后记录和显示，通过软件处理装置处理后，得出色谱图及需要的信息。

八、定量分析方法

色谱中常用的定量方法有归一化法、内标法和外标法。

1. 归一化法

归一化法是试样中所有组分全部流出色谱柱，并在检测器上产生信号时使用。以样品中被测组分经校正过的峰面积（或峰高）占样品中各组分经过校正的峰面积（或峰高）的总和的比例来表示样品中各组分含量的定量方法，各组分所占比例之和等于1（100%）。

2. 内标法

若试样中所有组分不能全部出峰，或只要求测定试样中某个或某几个组分的含量时，可采用内标法。内标法是选择一种物质作为内标物，与试样混合后进行分析。这样内标物与试样组分的分析条件完全相同，两者峰面积的相对比值固定，可采用相对比较法进行计算。内标法的关键是选择一种与试样组分性质接近的物质作为内标物，其应满足试样中不含有该物质，与试样组分性质比较接近，不与试样发生化学反应，出峰位置应位于试样组分附近，且无组分峰影响。

3. 外标法

外标法，也称标准曲线法，与分光光度分析中的标准曲线法相似。首先用待测组分的标准样品绘制峰面积或峰高对样品浓度的标准曲线，在相同的色谱操作条件下，测量待测组分色谱峰峰面积或峰高，然后根据峰面积和峰高在标准曲线上直接查出注入色谱柱中样品组分的浓度。

内标法和外标法相比，内标法的优点是测定的结果较为准确。内标法的缺点是操作程序较为麻烦，每次分析时内标物和试样都要准确称量，有时寻找合适的内标物也有困难。外标法简便，但进样量要求十分准确，要严格控制在与标准物相同的操作条件下进行，否则造成分析误差，得不到准确的测量结果。

九、日本岛津 GC-14C 气相色谱仪简介

（一）技术参数

1. 柱温箱

内部体积：长 231mm×高 361mm×宽 163mm。

温度范围：室温+10℃～420℃。

使用低温附件时温度范围：-90℃～420℃。

温度准确度：设定值的±1%，可校正 0.01℃。

2. 温度程序

程序段数为 5 段，降温程序亦为 5 段；升温速度设定（20±0.1）℃/min；整个过程所需时间最长 665min。

3. 进样系统

能够独立地控制温度；温度范围（420±1）℃/min；在时间程序控制下逐步升温；填充柱用标准进样单元；进样方式有分流/无分流进样、宽口径毛细管色谱柱进样、填充柱进样、冷柱头进样。

4. 检测器

氢火焰离子化检测器 FID：最高温度 420℃；灵敏度 3×10^{-12} g/s。

热导检测器 TCD：电源是恒流控制方式；最高温度 420℃；检测灵敏度为 5000mV·mL/mg。

5. 辅助加热附件

除了检测器进样附件外，还可配可程控的加热单元。

（二）主要特点

（1）可根据分析选择最为适合的流量控制器。有双柱用、分流/无分流用等各种流量控制器，可根据需要增加相应的流量控制器。

（2）最多可同时安装 4 个检测器，包括氢火焰离子化检测器、恒流电子捕获检测器、火焰光度检测器、热导池检测器。

（3）使用获得公认的高性能大柱温箱。考虑到汽化室或检测器加热所产生的热辐射，柱温箱设计成竖式构造，最高使用温度可达到 420℃，适合高沸点样品的分析。为提高分析效率，更进一步提高了冷却速度，7min 以内 350～50℃。

（4）根据分析目的，灵活地选择最佳进样方式，最多可同时安装 4 个进样口，各单元可独立控温，进样口拆装简单。

（5）液晶显示器信息丰富，键盘操作简便，可根据使用状态，自定义显示信息，分析计数器可提示进样隔膜的更换时间，冷媒消耗计数器可提示冷媒储瓶的更换时间。

十、自测练习

1. 在气相色谱分析中，用于定性分析的参数是（　　）。
   A. 保留值　　　　B. 峰面积　　　　C. 分离度　　　　D. 半峰宽
2. 在气相色谱分析中，用于定量分析的参数是（　　）。
   A. 保留时间　　　B. 峰面积　　　　C. 半峰宽　　　　D. 保留体积
3. 良好的气-液色谱固定液特征为（　　）。
   A. 蒸气压低、稳定性好
   B. 化学性质稳定
   C. 溶解度大，对相邻两组分有一定的分离能力
   D. 以上全是
4. 不能用作载气的是（　　）。
   A. 氢气　　　　　B. 氮气　　　　　C. 氧气　　　　　D. 氦气
5. 使用氢火焰离子化检测器，选用下列（　　）作载气最合适。
   A. 氢气　　　　　B. 氦气　　　　　C. 氩气　　　　　D. 氮气
6. 下列因素中，对色谱分离效率最有影响的是（　　）。
   A. 柱温　　　　　B. 载气的种类　　C. 柱压　　　　　D. 固定液膜厚度
7. 用气相色谱法定量分析样品组分时，分离度至少为（　　）。
   A. 0.50　　　　　B. 0.75　　　　　C. 1.0　　　　　　D. 1.5
8. 表示柱效能，可以用（　　）。
   A. 分配比　　　　B. 分配系数　　　C. 保留值　　　　D. 有效塔板高度
9. 在气-固色谱法中，首先流出色谱柱的组分是（　　）的组分。

A. 溶解能力小　　　　B. 吸附能力小　　　　C. 溶解能力大　　　　D. 吸附能力大

10. 下列说法错误的是（　　）。

　　A. 根据色谱峰的保留时间可以进行定性分析

　　B. 根据色谱峰的面积可以进行定量分析

　　C. 色谱图上峰的个数一定等于试样中的组分数

　　D. 色谱的区域宽度体现了组分在柱中的运动情况

任务二　气相色谱法测定混合物中的苯系物含量仿真实验操作步骤

一、实验准备

单击仿真操作区的玻璃仪器区域（如下图区域）。

操作演示

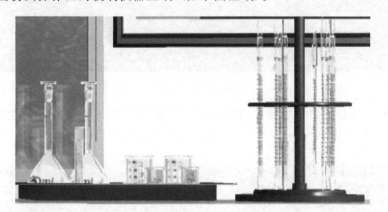

弹出样品界面：

单击"玻璃仪器",进行玻璃仪器的选取,弹出以下界面:

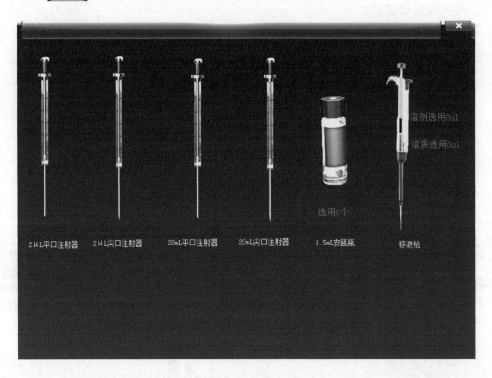

本实验需要选择:2μL 尖口注射器,设置安瓿瓶数量为 9 个(3 个单标,5 个混标,1 个待测样)。选择移液枪:溶剂使用 1000μL 规格的,溶质使用 20μL 规格的(如下图)。

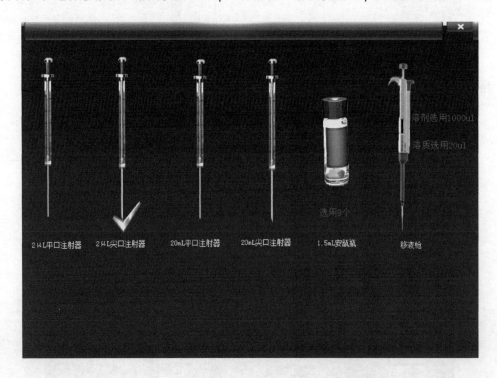

单击"药品试剂",进行药品的选取,弹出以下界面并选择苯、甲苯、二甲苯、丙酮。

分别单击图中的"安瓿瓶",配制标样浓度:如表4-3所示,1#、2#、3#为单标,4#、5#、6#、7#、8#为混标。

表 4-3 标样浓度　　　　　　　　　　　　　　　　　　单位:μL

样品		苯	甲苯	二甲苯	丙酮
单标	1#	10	0	0	990
	2#	0	10	0	990
	3#	0	0	10	990
混标	4#	20	20	20	940
	5#	50	50	50	850
	6#	70	70	70	790
	7#	100	100	100	700
	8#	150	150	150	550

二、进样分析

单击仿真主操作区域的载气(氮气)钢瓶区域,弹出氮气钢瓶(如下图)。

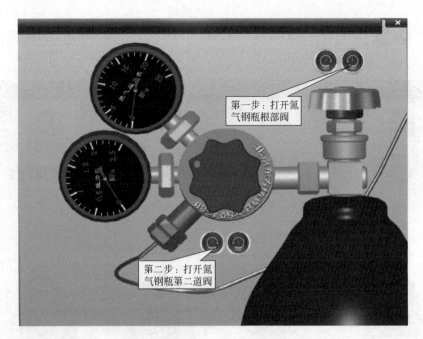

调节载气压力：首先打开根部阀 ◎ ，确认氮气压力大于 0.4MPa（实际试验根据相应规程而定），如果压力低于 0.4MPa，则需要更换载气钢瓶；然后，打开载气钢瓶第二道阀 ◎ （气体送出阀），调节外送压力在 1～1.5MPa。注意：钢瓶根部阀是逆时针为开，气体送出阀是顺时针为开。

单击操作区域中的压力调节器区域 ，弹出压力调节器面板。调节载气进入色谱仪的压力，本实验采用恒压分流模式，单击 CARRIER（P）对应的旋钮 ◎ （顺时针为开），两块压力表读数分别为 450kPa、120kPa。

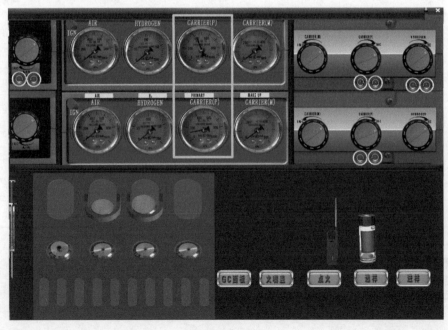

单击操作区的色谱仪位置,弹出色谱面板:

单击色谱仪电源位置,启动色谱仪,单击色谱控制面板,弹出液晶显示屏,查看仪器启动过程。

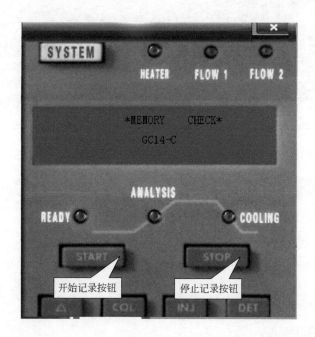

单击操作区的电脑位置,弹出电脑控制面板:

单击电脑电源按钮,电脑启动。

单击电脑屏上的工作站" "图标,启动分析工作站。

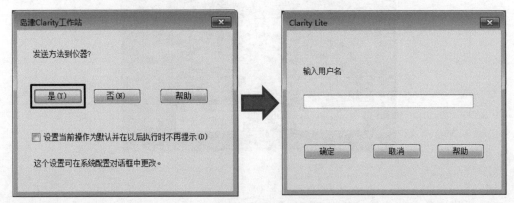

输入默认用户名 Administrator,单击"确定",进入工作站。

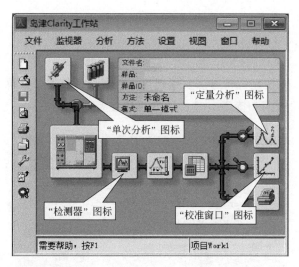

单击工作站的"文件"菜单,选择"新建方法";单击"方法"菜单,选择"测量",弹出如下窗口:

选择"气相色谱控制",根据分析的物质,编辑实验方法,参数见上图及表 4-4。恒温箱参数:柱温箱最高温度(℃)为 400;平衡时间(min)为 3。

表 4-4　气相色谱控制实验参数

加热速率/(℃/min)	最终温度/℃	保持时间/min	总时间/min
初始状态	25	1.00	1.00
20	250.00	1.00	13.25

分段温度如下。

进样器/℃：250；Max：400。

检测器/℃：250；Max：400。

单击" 到GC "按钮，将方法发送到气相色谱分析仪器，并单击"确定"按钮。

单击工作站上的"文件"菜单，选择"方法另存为"。

在弹出另存为窗口，命名并选择存储位置，将分析方法保存下来。

操作演示

（1）单击工作站中"分析"中"单次分析"或"单次分析"图标 。进入样品信息编辑界面，设置分析物质相关信息。

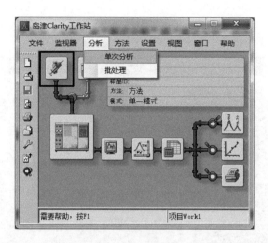

例如，以 1# 样品为例，设置样品 ID 为 1，样品名为 1，并选择色谱图文件保存路径。

待检测器温度达到设定温度后，出现下图：

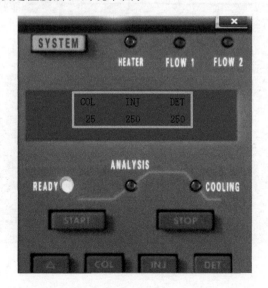

单击仿真主操作区域的空气钢瓶区域,弹出空气钢瓶(如下图)。

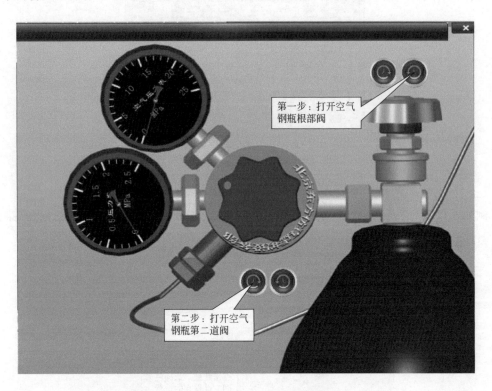

打开空气钢瓶根部阀 ◎ ,打开空气钢瓶第二道阀 ◎ ,并调整空气压力,在压力调节器上调整进入色谱仪的空气压力为500kPa。

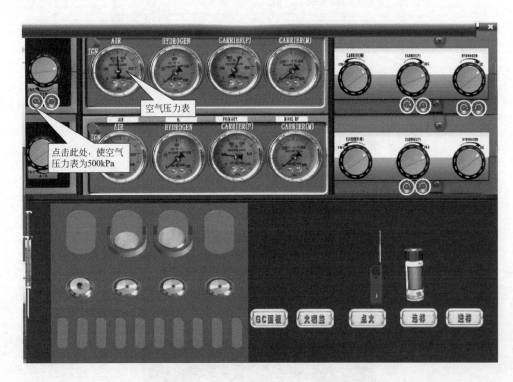

单击仿真主操作区域的氢气钢瓶区域，弹出氢气钢瓶（如下图）。

打开氢气钢瓶根部阀 ⊙ ，并检查气瓶压力是否满足要求，打开氢气第二道阀 ⊙ ，调整压力到合适压力，在压力调节器上调整进入色谱仪的氢气压力50kPa。

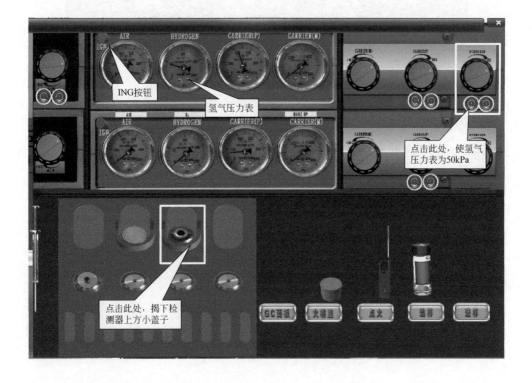

在压力调节器上对检测器进行点火：揭下检测器上方小盖子（如上图），按下压力调节器左上角 ING 按钮，用点火器进行"点火"，松开 ING 按钮，并检查是否点火成功，表面皿上是否有凝气。如弹出以下警告窗口，说明火已经点燃。

等仪器稳定后，选择试样，用进样注射器按要求进样。

（2）单击"选样"按钮，选择准备进行分析的试样编号，并设置进样量（单击"进样量"按钮，设置进样量为 $2\mu L$），例如：选择 1# 样品。

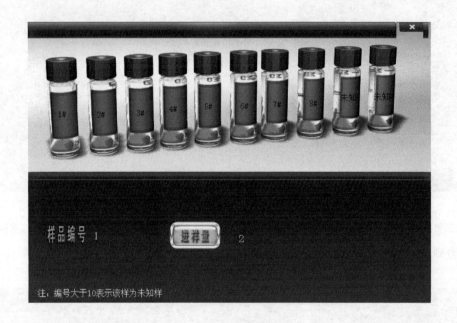

（3）单击"检测器"图标，出现信号采集窗口（如下图所示）。

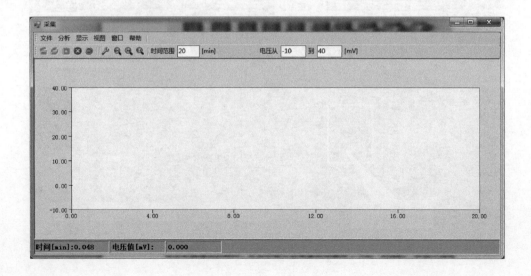

(4) 在工作站上单击检测器图标准备进样分析，仪器温度稳定后（可通过色谱仪的液晶屏，单击查看温度状态），单击压力调节器界面的"　进样　"按钮进行进样，在注射器抽出的瞬间，单击色谱仪控制面板液晶屏下方的"START"按钮，开始进行数据采集。

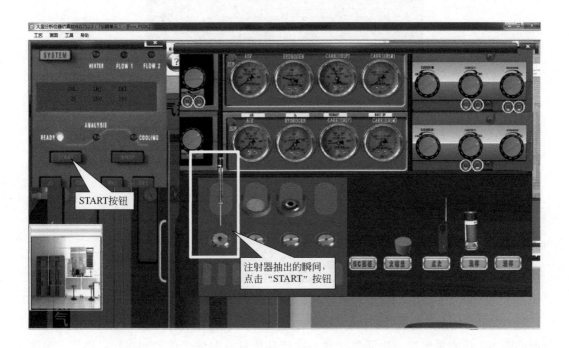

得到 1# 样品的数据采集图如下：

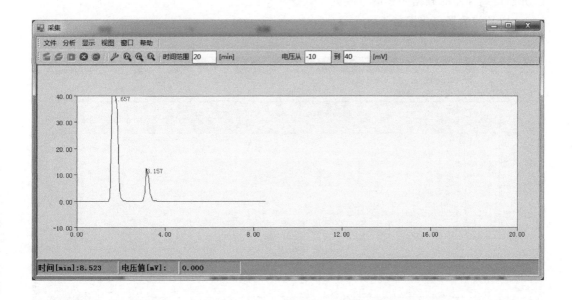

根据设定的分析方法，程序自动升温，时间达到后，自动停止，或者单击"停止"按钮，单击色谱仪控制面板液晶屏下方的"STOP"按钮开始进行降温，观察温度到达设置值

后(温度达到下图设置的数值后,才可进行下一个样品的测量,否则会影响下一个样品的图谱),进行下一步。

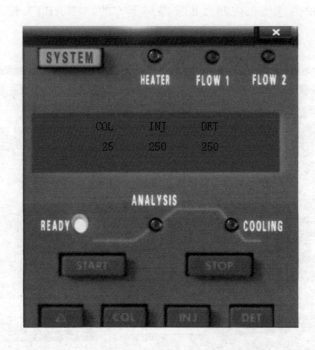

按相同的方法采集到所有的单标(1#,2#,3#)、混标(4#,5#,6#,7#,8#)、待测样图谱,注意每更换一次需要设置一次样品信息及图谱文件名和路径,即从"单次分析"开始,重复上述划线步骤(1)(2)(3)(4)。

分别得到样品的数据采集图(共九个数据采集图)。

2#样品的数据采集图如下:

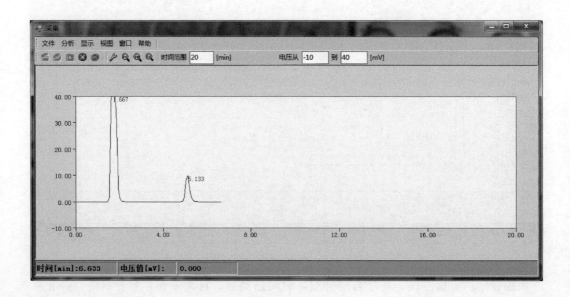

3#样品的数据采集图如下：

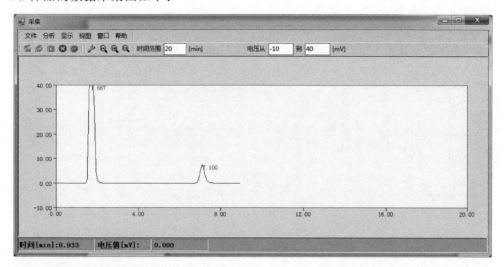

4#样品的数据采集图如下：

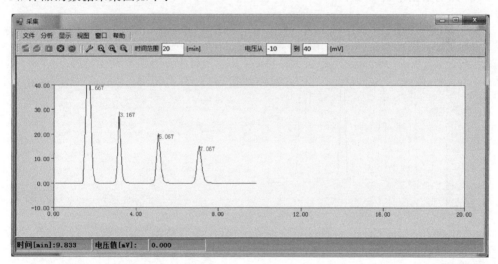

5#样品的数据采集图如下：

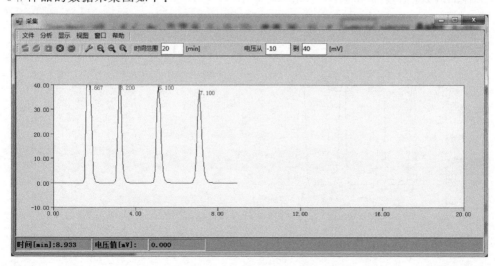

6#样品的数据采集图如下：

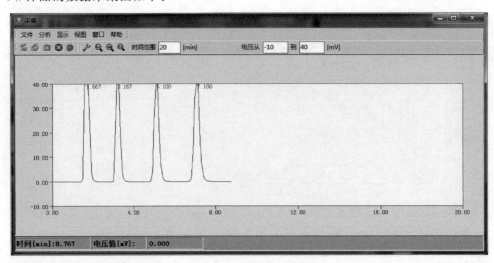

7#样品的数据采集图如下：

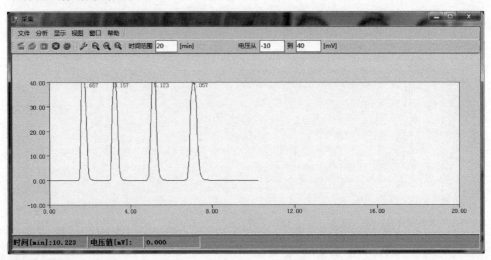

8#样品的数据采集图如下：

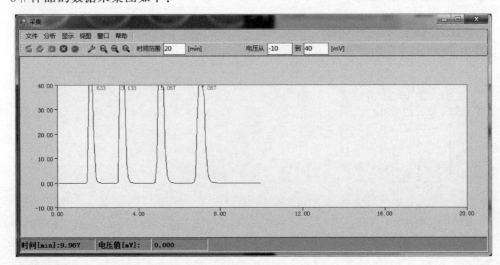

9#样品（未知物样品）的数据采集图如下：

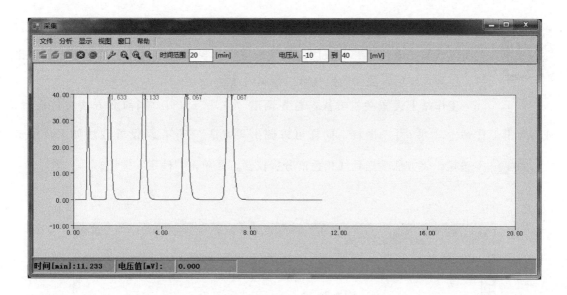

每次结束后弹出以下定量分析窗口，关闭即可。

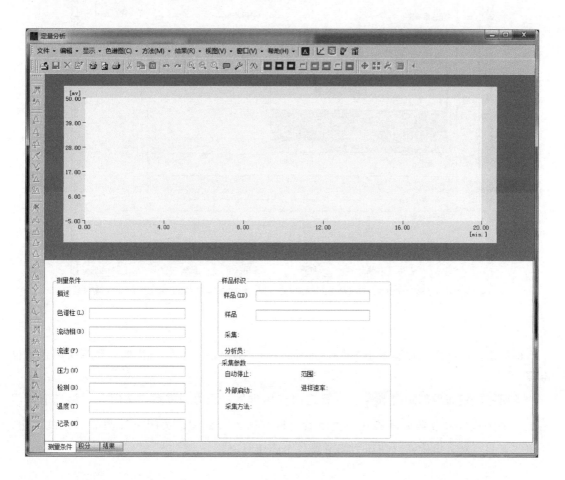

三、关机（注意关机的先后顺序）

操作演示

数据采集结束，关闭氢气根部阀门 ⊙ ，待管道内气体排尽，压力为零后，关闭氢气第二道阀 ⊙ ，关闭助燃气（空气）根部阀门 ⊙ ，待管道内气体排尽，压力为零后，关闭助燃气第二道阀门 ⊙ 。

工作站上设置关机方法：首先调出"方法"窗口（同前面方法文件设置，或者单击工作站上" ▦ "图标，同样可以调出"方法"窗口）。设置方法如下，单击" 到GC "按钮，将方法发送到气相色谱分析仪器，并单击"确定"按钮。

待色谱仪温度降到柱温低于50℃，进样口及检测器温度低于100℃时，然后关闭色谱仪电源。

关闭氮气钢瓶根部阀门 ⊙ ，待管道内气体排尽，压力为零后，关闭载气第二道阀门 ⊙ ，关闭载气调节器分压旋钮，关闭载气调节器入口旋钮，关闭氢气调节器入口旋钮，关闭空气调节器入口旋钮（使压力调节器各个旋钮复原）。

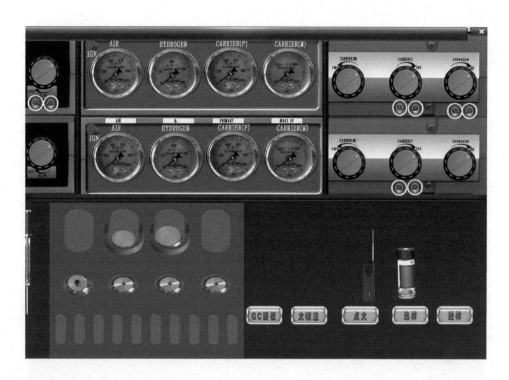

四、数据处理

单击"校准窗口"图标 ![icon]，进入校准视图。

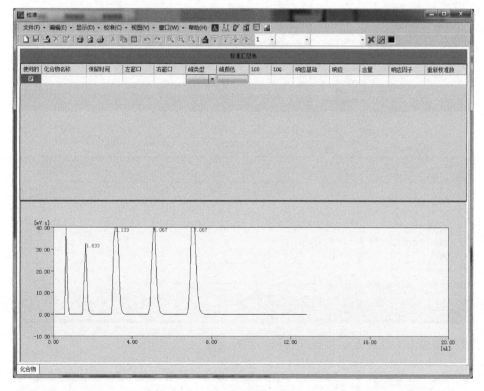

在弹出窗口中,单击"文件"菜单,选择"新建",新建一个校准文件。

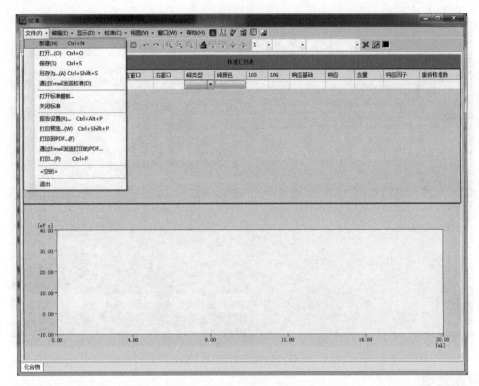

单击"校准"菜单,选择"选项"。

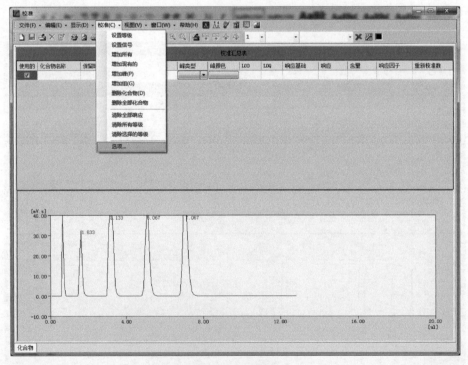

或者直接单击工具栏上的"校准选项"图标  。

打开"校准选项"设置界面,填写校准说明(如下图),选择显示模式为"外标法",工作模式设置为"校准",校准设置为"自动",化合物单位为 μL,其余默认,单击"确定"按钮。

单击"文件"菜单,选择"打开标准模板"或直接单击"打开标准"图标 ,打开第一级别的标准色谱图文件(单标1#),如下图:

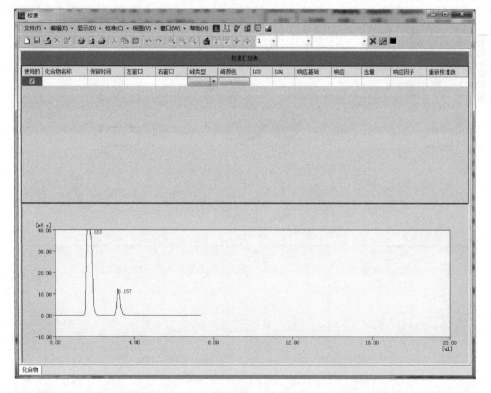

选择"校准"命令下拉菜单中的"增加峰"选择标样物质的色谱峰,单击鼠标左键确认,输入目标物质名称(苯)和含量(0.010)。

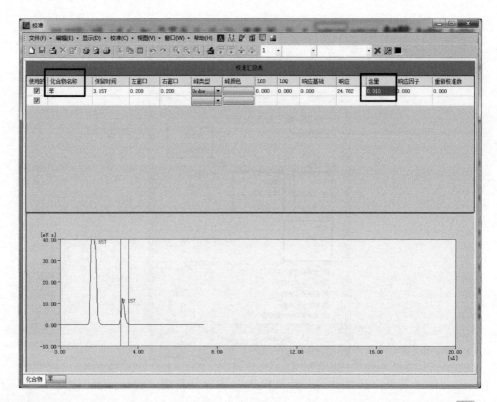

单击"文件"菜单,选择"打开标准模板"或直接单击"打开标准"图标,打开第一级别的标准色谱图文件(单标2#),选择"校准"命令下拉菜单中的"增加峰"选择标样物质的色谱峰,单击鼠标左键确认,输入目标物质名称(甲苯)和含量(0.010)。

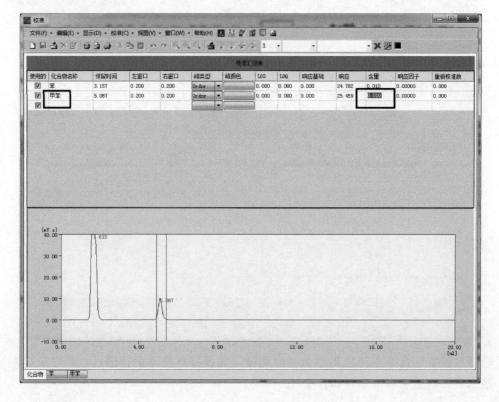

方法同上：打开第一级别的标准色谱图文件（单标3#），输入目标物质名称（二甲苯）和含量（0.010）。

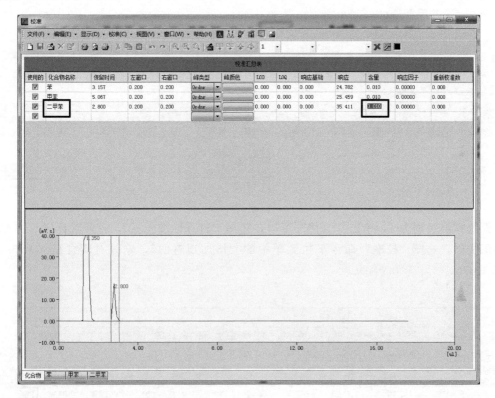

设置标准级别为2，方法如下图。

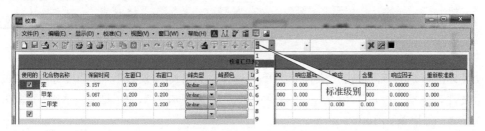

单击"文件"菜单，选择"打开标准模板"，打开混标样4#的标准色谱图文件选择"校准"命令下拉菜单中的"增加现有的"，输入对应含量（苯0.02，甲苯0.02，二甲苯0.02）。

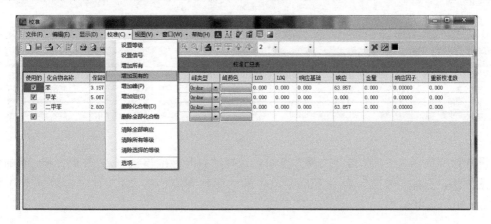

设置标准级别为 3，单击"文件"菜单，选择"打开标准模板"，打开混标样 5# 的标准色谱图文件，选择"校准"命令下拉菜单中的"增加现有的"，输入对应含量（苯 0.050，甲苯 0.050，二甲苯 0.050）。

使用的	化合物名称	保留时间	左窗口	右窗口	峰类型	峰颜色	LOD	LOQ	响应基础	响应	含量
✓	苯	3.157	0.200	0.200	Or dnr		0.000	0.000	0.000	159.643	0.050
✓	甲苯	5.067	0.200	0.200	Or dnr		0.000	0.000	0.000	0.000	0.050
✓	二甲苯	2.800	0.200	0.200	Or dnr		0.000	0.000	0.000	159.643	0.050
✓											

设置标准级别为 4，单击"文件"菜单，选择"打开标准模板"，打开混标样 6# 的标准色谱图文件，选择"校准"命令下拉菜单中的"增加现有的"，输入对应含量（苯 0.070，甲苯 0.070，二甲苯 0.070）。

使用的	化合物名称	保留时间	左窗口	右窗口	峰类型	峰颜色	LOD	LOQ	响应基础	响应	含量
✓	苯	3.157	0.200	0.200	Or dnr		0.000	0.000	0.000	223.500	0.070
✓	甲苯	5.067	0.200	0.200	Or dnr		0.000	0.000	0.000	0.000	0.070
✓	二甲苯	2.800	0.200	0.200	Or dnr		0.000	0.000	0.000	223.500	0.070
✓											

设置标准级别为 5，单击"文件"菜单，选择"打开标准模板"，打开混标样 7# 的标准色谱图文件，选择"校准"命令下拉菜单中的"增加现有的"，输入对应含量（苯 0.100，甲苯 0.100，二甲苯 0.100）。

使用的	化合物名称	保留时间	左窗口	右窗口	峰类型	峰颜色	LOD	LOQ	响应基础	响应	含量
✓	苯	5.667	0.200	0.200	Or dnr		0.000	0.000	0.000	1400.047	0.100
✓	甲苯	9.600	0.200	0.200	Or dnr		0.000	0.000	0.000	1248.433	0.100
✓	二甲苯	14.200	0.200	0.200	Or dnr		0.000	0.000	0.000	1154.169	0.100

设置标准级别为 6，单击"文件"菜单，选择"打开标准模板"，打开混标样 8# 的标准色谱图文件，选择"校准"命令下拉菜单中的"增加现有的"，输入对应含量（苯 0.150，甲苯 0.150，二甲苯 0.150）。

单击"文件"菜单,选择"保存",将数据分析方法保存,选择存储位置并且命名文件(例如:数据分析方法)。关闭校准窗口。

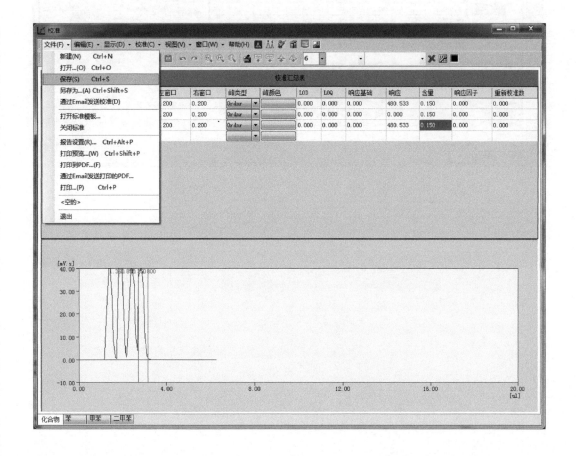

单击"定量分析"图标 ,单击"文件"菜单,选择"打开色谱图",选择未知样的色谱图,单击"结果"标签,设置标准文件为上边保存的方法文件,设置计算方法为"外标法",查看校准结果。

分析仪器仿真操作

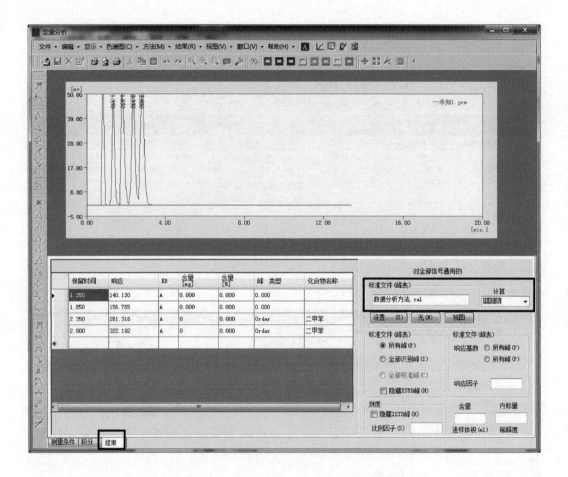

项目五

高效液相色谱法测定合成色素柠檬黄、日落黄、胭脂红的含量

任务一 液相色谱法基本原理简介

目前我国允许使用的合成色素有苋菜红、胭脂红、柠檬黄、日落黄、靛蓝、番茄红素、二氧化钛等。柠檬黄、日落黄和胭脂红属于有机合成色素。它们被广泛用作食品、饮料、医药和日用化妆品等的着色剂。合成色素的确把这些物质表面装扮得格外惹人喜爱，但是，过量或者违规使用合成色素对人们的身体健康会造成危害，我国对人工合成色素的使用范围及标准有明确的规定，为了避免不法商家随意扩大合成色素应用范围，及避免食品中合成色素的过量使用，对合成色素的检测非常重要，本项目中我们将学习用液相色谱法测定合成色素柠檬黄、日落黄和胭脂红的含量。

液相色谱法（LC）是以液体作为流动相的色谱法，使用高压输液泵、高灵敏度检测器和高效固定相等，提高了柱效率，液相色谱法表现为高速化、高效化，被称为高效液相色谱法（HPLC）。该方法已成为化学、医学、工业、农学、商检和法检等学科领域中重要的分离分析技术。

液相色谱法和气相色谱法都属于色谱法，因此很多理论具有相似性，但各有特点，应根据不同的分离对象选择。液相色谱法对那些沸点高、相对分子质量大、挥发性差、热稳定性差的物质以及具有生物活性的物质分离效果更好，弥补了气相色谱法的不足。在实际应用中，凡能用气相色谱法分析的样品，一般不用液相色谱法，这是因为气相色谱法分析更快、更方便，而且分析成本相对较低。

一、高效液相色谱法的固定相与流动相

1. 固定相

高效液相色谱法的固定相按照结构不同可分为表面多孔型和全多孔型固定相。其中表面多孔型固定相的基体是实心玻璃珠，在玻璃珠表面涂渍一层多孔活性材料，如硅胶、氧化铝、分子筛等，比较适合做常规分析。全多孔型固定相由直径为 $10\mu m$ 的硅胶微粒凝聚而成，适合复杂混合物的分离分析和痕量分析。

2. 流动相

常用的流动相有正己烷、正庚烷、甲醇、乙腈、二氯甲烷、氯仿、四氯化碳、丙酮、乙醇等。

二、高效液相色谱法的主要类型

根据分离原理的不同,高效液相色谱法可分为液-固色谱法、液-液色谱法、离子交换色谱法和凝胶色谱法。

1. 液-固色谱法

液-固色谱法的固定相是固体吸附剂,按其性质不同可分为极性和非极性两种,极性固定相主要有硅胶、氧化铝、氧化镁等,非极性固定相主要是多孔微粒活性炭、多孔石墨化炭黑等。

液-固色谱法选择流动相的基本原则是极性大的试样用极性较强的流动相,极性小的试样则用低极性流动相。

液-固色谱法是利用固体吸附剂对流动相中不同组分吸附能力和脱附能力的不同,组分在两相之间进行反复多次的吸附、脱附、再吸附、再脱附,其中吸附能力弱的,脱附能力强的组分,先流出色谱柱,使各组分彼此分离。

2. 液-液色谱法

液-液色谱法的固定相是涂渍在载体上的固定液,固定液与流动相不相溶。常用的固定液有乙二醇、乙酸、乙二胺、聚烯烃等。

在液-液色谱法中,对极性固定液常采用非极性或弱极性流动相,即流动相极性小于固定液的极性,称为正相液-液色谱法,适用于分离极性组分。反之,流动相极性大于固定液的极性,即非极性物质作为固定相,极性溶剂作为流动相,称为反相液-液色谱法,适用于分离非极性组分。

液-液色谱法是利用各组分在吸附剂上的溶解和挥发能力的不同,组分在两相之间进行反复多次的溶解、挥发、再溶解、再挥发,其中溶解度小的,挥发性大的组分,先流出色谱柱,使各组分彼此分离。

三、高效液相色谱仪的工作流程

高效液相色谱仪的工作流程为:贮液器中的流动相被高压输液泵以稳定的流速(或压力)输送至分析体系,利用进样器将样品注入,流动相将样品依次带入色谱柱。在色谱柱中各组分被分离,并依次随流动相流进检测器,检测器将检测到的信号送至工作站记录、处理和保存。高效液相色谱仪的工作流程如下图所示。

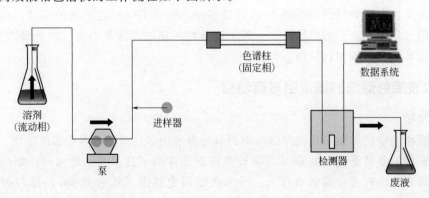

四、高效液相色谱仪基本构造

高效液相色谱仪一般由输液系统、进样系统、分离系统、检测系统和数据处理系统组成。

1. 输液系统

输液系统一般包括贮液器、高压输液泵、过滤器和梯度洗脱装置等。

(1) 贮液器是用来存放溶剂（流动相）的装置，一般由玻璃、不锈钢、聚四氟乙烯或特种塑料制成，容积一般为 0.5~2L。所有溶剂均应经过 $0.45\mu m$ 滤膜过滤，再注入贮液器中，然后在使用前进行脱气，可利用超声波脱气或在线脱气机脱气。岛津 LC10AT 高效液相色谱仪采用在线脱气。

(2) 高压输液泵可以将流动相以稳定的流速或压力输送到色谱分离系统的装置，是高效液相色谱仪的关键部件之一。高压输液泵按输液性质分为恒压泵和恒流泵，按结构不同分为螺旋注射泵、柱塞往复泵和隔膜往复泵。

(3) 高压输液泵的活塞和进样阀阀芯的机械加工精密度非常高，微小的机械杂质进入流动相，就会导致上述部件的损坏；同时机械杂质在柱头的积累，会造成柱压升高，使色谱柱不能正常工作。因此在高压输液泵的进口和它的出口与进样阀之间，必须设置过滤器。

(4) 梯度洗脱装置是指在分离过程中改变流动相的组成（溶剂极性、离子强度、pH等）或改变流动相的浓度的装置。梯度洗脱技术可以改进复杂样品的分离，改善峰形，减少拖尾并缩短分析时间，而且提高检测的灵敏度和分离度。梯度洗脱对复杂混合物、特别是保留值相差较大的混合物、极性变化范围宽的试样的分离是极为重要的手段。梯度洗脱装置可分为二元梯度、三元梯度等，又可分为高压梯度和低压梯度。岛津 LC10AT 高效液相色谱仪采用的是二元高压梯度洗脱装置。

2. 进样系统

进样系统主要是进样器，进样器是将样品溶液准确送入色谱柱的装置，要求密封性好，死体积小，重复性好，进样引起色谱分离系统的压力和流量波动要很小。

液相色谱中常用的进样器是六通阀进样器，它具有耐高压、重复性好和操作方便的特点。岛津 LC10AT 高效液相色谱仪采用六通阀进样器。除六通阀进样器之外，还可以使用自动进样器。自动进样器是由计算机自动控制定量阀，按预先编制的注射样品操作程序进行工作。取样、进样、复位、样品管路清洗和样品盘的转动，全部按预定程序自动进行，一次可进行几十个或上百个样品的分析。自动进样器的进样量可连续调节，进样重复性高，适合于大量样品的分析，节省人力，可实现自动化操作。岛津 LC20AT 高效液相色谱仪采用自动进样器。

3. 分离系统

(1) 色谱柱　色谱柱是色谱仪的心脏，是色谱仪的关键部件之一，它的质量直接影响分离效果。色谱柱的一般要求是柱效高、选择性好、分析速度快。色谱柱一般为直柱，柱内径一般为 2~5mm，最常用的是 3.9mm 和 4.6mm，柱长一般在 15~50mm 之间。

(2) 保护柱　保护柱是指在分析柱的入口端装有的与色谱柱相同固定相的短柱，可以经常并方便地更换，可以挡住流动相中的细小颗粒，防止阻塞色谱柱，起到保护并延长色谱柱寿命的作用。

(3) 色谱柱恒温装置　稳定的控制柱温有利于提高柱效，改善色谱峰的分离度，使峰形变窄，缩短保留时间，保证结果的准确性和重复性，特别是对于需要高精度测定保留体积的样品分析而言，尤为重要。岛津 LC20AT 高效液相色谱仪配有柱温箱。

4. 检测系统

检测器是高效液相色谱仪的关键部件之一，用于连续监测被色谱柱分离后的组分含量，将柱流出物中样品组成和含量的变化转化为可供检测的信号，完成定性定量分析的任务。要求具有灵敏度高、噪声低、线性范围宽、响应快、死体积小等特点。常用的检测器有紫外检测器（UVD）、示差折光检测器（RID）、荧光检测器（FLD）和蒸发激光散射检测器（ELSD）。紫外检测器和荧光检测器是一种选择型检测器，示差折光检测器和蒸发激光散射检测器是一种通用型检测器。其中紫外检测器是高效液相色谱仪中应用最广泛的检测器。

5. 数据处理系统

高效液相色谱的数据处理系统主要有记录仪、色谱数据处理机和色谱工作站，其作用是记录和处理色谱分析的数据。目前使用比较广泛的是色谱数据处理机和色谱工作站。

五、定量分析方法

高效液相色谱的定量方法与气相色谱定量方法类似，主要有归一化法、内标法和外标法。

1. 归一化法

归一化法要求所有组分都能分离并有响应，其基本方法与气相色谱中的归一化法类似。由于液相色谱所用检测器多为选择性检测器，对很多组分没有响应，因此液相色谱法较少使用归一化法。

2. 内标法

内标法是比较精确的一种定量方法。它是将已知量的参比物（称为内标物）加到已知量的试样中，那么试样中参比物的浓度为已知，在进行色谱分析之后，待测组分峰面积和参比物峰面积之比应该等于待测组分的质量与参比物质量之比，即可求出待测组分的质量，进而求出待测组分的含量。

3. 外标法

外标法是以待测组分纯品配制标准试样和待测试样同时作色谱分析来进行比较而定量的，可分为标准曲线法和直接比较法。同气相色谱的外标法定量类似。岛津 LC10AT 和 LC20AT 高效液相色谱仪测定合成色素柠檬黄、日落黄、胭脂红的含量使用的均是标准曲线法。

六、日本岛津 LC10AT 和 LC20AT 高效液相色谱仪简介

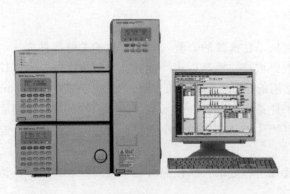

(一) 技术参数

1. 输液系统——2个高压恒流输液泵

输液方式：微体积串联双柱塞。

最大输液压力：40MPa。

流量设定范围：0.001～9.999mL/min。

流量精确度：≤0.1%RSD。

梯度浓度准确度：±1%（0～100%，水/丙酮水溶液2液梯度）。

尺寸：W260mm×H140mm×D420mm。

质量：11kg。

使用环境温度范围：4～35℃。

2. 进样系统——六通阀手动进样阀

3. 检测系统——紫外检测器

波长范围：190～600nm。

噪声：±0.35×10^{-5}AU。

漂移：±2×10^{-4}AU/h以下。

尺寸：W260mm×H140mm×D420mm。

质量：13kg。

使用环境温度范围：4～35℃。

4. 数据处理系统——色谱工作站

(二) 主要特点

① 对应常规分析，输液系统发挥高性能，同时提高了维护简便性、分析可靠性及仪器使用的耐久性。

② 采用考虑材质结构制作的新型柱塞、增强型特氟隆密封圈、柱塞浮动式安装方式，大幅度提高易耗品的耐用性，降低维护频率。

③ 灵活性在基础的输液单元上，追加必要的单元，可扩展成为高压梯度。梯度的控制也可以由输液单元主机进行。

④ 采用高效的光学系统、数字过滤器等，实现了噪声水平±0.35×10^{-5}AU。另外，灯室与单色器完全分离、灯室冷却功能等，防止单色器温度上升，提高基线稳定性。

⑤ 双波长同时测定功能提高了多组分系统分析的效率。采用其双波长吸光度之比的比例色谱图，可以发现杂质、获得峰纯度信息。

⑥ 用时间程序切换波长时，通过基线调整功能消除基线漂移。另外，波长扫描的光谱可以保存在工作站中，与标准物质光谱相比较进行确认。

⑦ 利用时间程序功能，可以设定氘灯自动ON/OFF，延长氘灯使用时间。更换氘灯时，不必调整光轴，维护简便化。

⑧ 独特的池结构设计，实现了高灵敏度。

⑨ 追求互联网时代的统一操作环境，以更简便的操作实现LC分析、报告制作、数据管理等。

（三）岛津 LC20AT 高效液相色谱仪

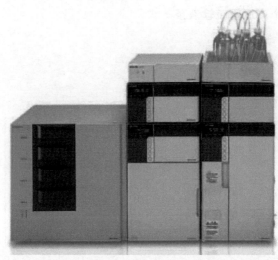

岛津 LC20AT 与 LC10AT 高效液相色谱仪相比，LC10AT 结构简单、实用、价格便宜。LC20AT 配有自动进样器，进样速度很快，而且降低交叉污染，检测器性能提高，噪音有所降低，安装了柱温箱，色谱工作站实现远程控制，功能更强大。

七、色素柠檬黄、日落黄、胭脂红简介

柠檬黄、日落黄、胭脂红基本情况介绍见表 5-1，其颜色见彩图 7。

表 5-1　柠檬黄、日落黄、胭脂红基本情况介绍

名称	颜色	分子式	结构式	分子量
柠檬黄		$C_{16}H_9N_4Na_3O_8S_2$		534.36
日落黄		$C_{16}H_{10}N_2Na_2O_7S_2$		452.36
胭脂红		$C_{20}H_{11}N_2O_{10}S_3Na_3$		492.39

八、自测练习

1. 流动相过滤必须过滤膜的粒径为（　　）。
   A. 0.5μm   B. 0.45μm   C. 0.6μm   D. 0.55μm
2. 在高效液相色谱仪工作流程中，试样混合物在（　　）中被分离。
   A. 检测器   B. 记录器   C. 色谱柱   D. 进样器
3. 在高效液相色谱法中，提高色谱柱柱效的最有效途径是（　　）。
   A. 减小填料粒度   B. 适当升高柱温
   C. 降低流动相流速   D. 加大色谱柱的内径
4. 在液相色谱中，某组分的保留值大小实际反映了哪些部分的分子间作用力（　　）。
   A. 组分与流动相   B. 组分与固定相
   C. 组分与流动相和固定相   D. 组分与组分
5. 在高效液相色谱仪中保证流动相以稳定的速度流过色谱柱的部件是（　　）。
   A. 贮液器   B. 输液泵   C. 检测器   D. 温控装置
6. 下列哪种是高效液相色谱仪的通用检测器（　　）。
   A. 紫外检测器   B. 荧光检测器
   C. 安培检测器   D. 蒸发激光散射检测器
7. 高效液相色谱仪中高压输液系统不包括（　　）。
   A. 贮液器   B. 高压输液泵
   C. 过滤器   D. 梯度洗脱装置   E. 进样器
8. 液相色谱定量分析时，不要求混合物中每一个组分都出的是（　　）。
   A. 标准曲线法   B. 内标法   C. 归一化法   D. 外标法
9. 液相色谱法适用的分析对象是（　　）。
   A. 低沸点小分子有机化合物   B. 高沸点大分子有机化合物
   C. 所有有机化合物   D. 所有化合物
10. 在液相色谱中，梯度洗脱适用于分离（　　）。
    A. 异构体   B. 沸点相近，官能团相同的化合物
    C. 沸点相差大的试样   D. 极性变化范围宽的试样

任务二　HPLC10AT测定合成色素含量仿真实验操作步骤

LC10AT液相色谱仪简介如下。

操作演示

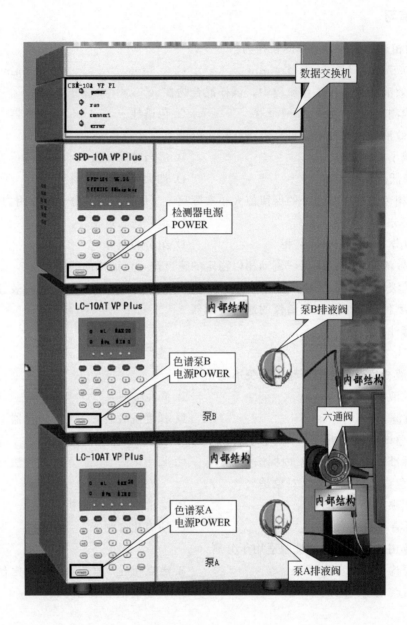

一、样品制备

单击仿真区域 或单击" 配置样品 ",弹出以下配制标准样品的窗口:

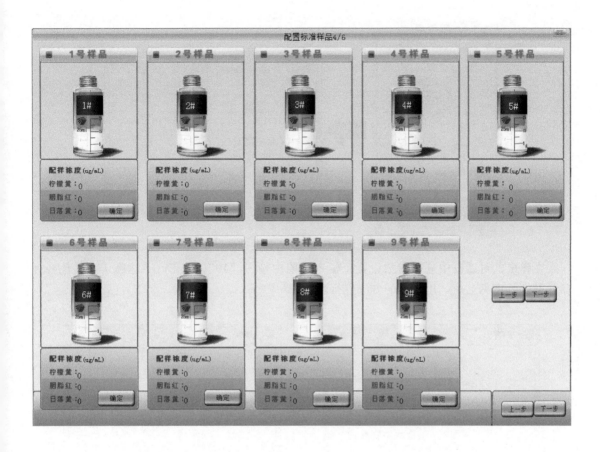

按表 5-2 进行标准样品的配制（具体配制样品的方案以老师要求为准）。

表 5-2 配制样品的浓度　　　　　　　　　　　　　　　　单位：μg/mL

样品		柠檬黄	胭脂红	日落黄
单标	1 号	10	0	0
	2 号	0	10	0
	3 号	0	0	10
混标	4 号	5	5	5
	5 号	7	7	7
	6 号	10	10	10
	7 号	15	15	15
	8 号	20	20	20

具体操作如下：

先单击 1 号样品下柠檬黄的配样浓度，弹出柠檬黄浓度配制对话框如下图。

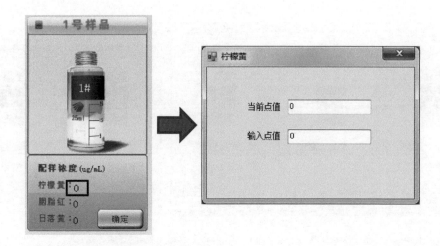

在弹出的对话框中进行参数设置：输入点值中输入"10"，按 Enter 键确认。其他各样品的配样浓度见上表，用相同的方法进行配制。

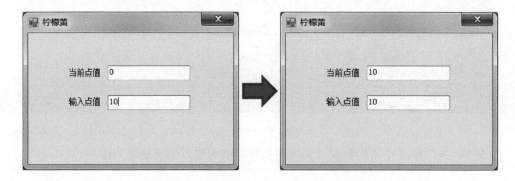

样品浓度配制完成后，检查各样品的浓度参数设置情况，准确无误后，盖上瓶盖。以 1 号样品为例，单击右下角" 确定 "，即可盖上瓶盖（如下图）。

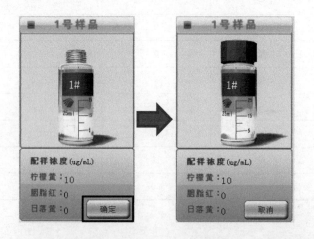

2、3、4、5、6、7、8 号样品配制方法同上，配制完成后如下图。

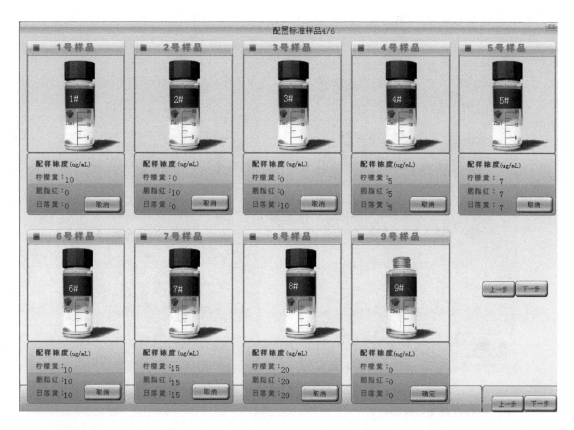

二、数据采集

1. 开机

从下往上依次开启各个仪器电源（如下图仪器的液晶显示屏亮表示仪器已经开机）。
打开色谱泵 A 电源 POWER。

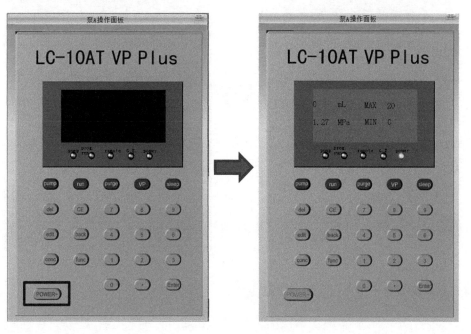

打开色谱泵 B 电源 POWER。

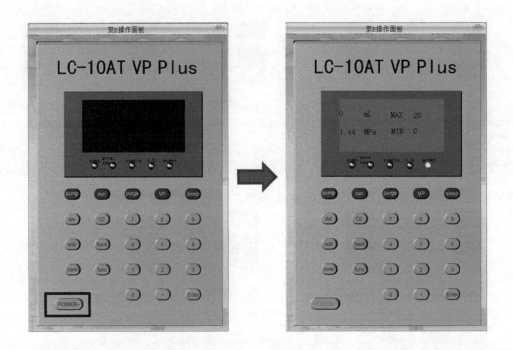

开启检测器电源 POWER。

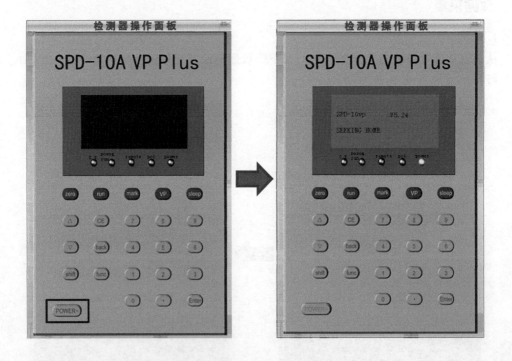

待泵和检测器自检结束后,打开电脑主机。

开启数据交换机电源（在检测器的上边），如下图单击电源开关。

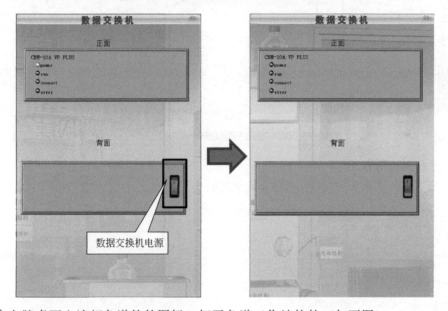

单击电脑桌面上液相色谱软件图标，打开色谱工作站软件（如下图）。

单击"分析"图标 ![图标]，启动 LC 实时分析窗口。

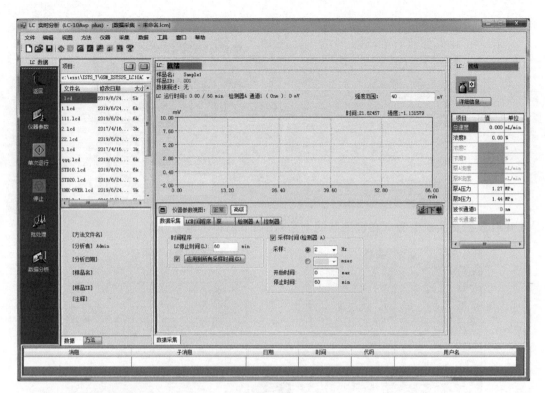

2. 新建数据采集方法

单击"文件"菜单上"新建方法"(如下图)。

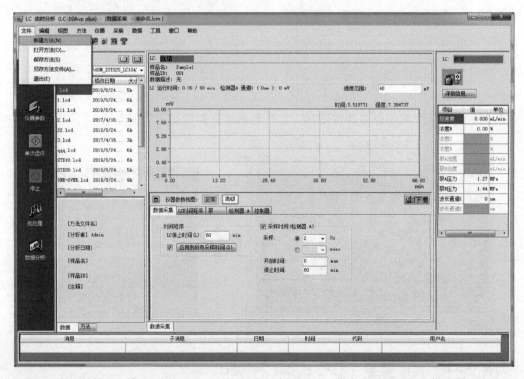

在 LC 停止时间上输入时间 8min,按 Enter 键确认,单击"应用到所有采样时间"。

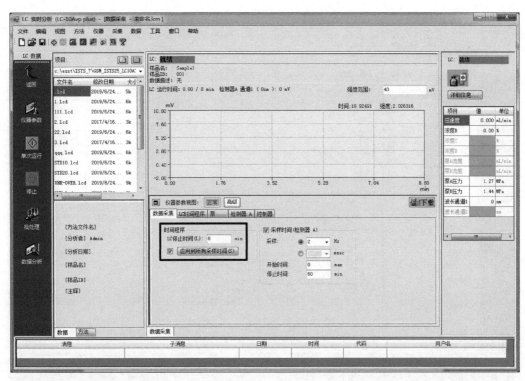

在"泵"的模式上选择"二元高压梯度",总流速 1mL/min,按 Enter 键确认,泵 B 浓度 15%,按 Enter 键确认,压力限制最大值上输入 15～19MPa,按 Enter 键确认。

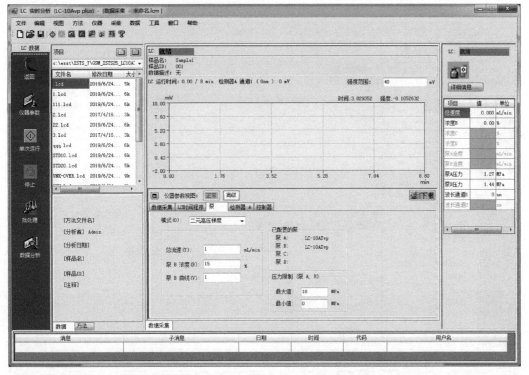

在"检测器 A"模式,波长通道输入 254nm,按 Enter 键确认。

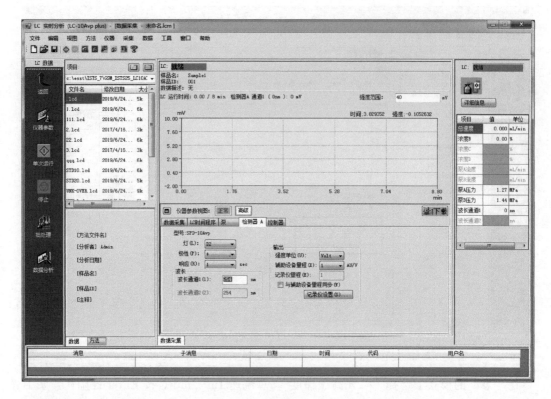

单击"文件"菜单上"另存方法文件",保存在桌面或某个文件夹里。

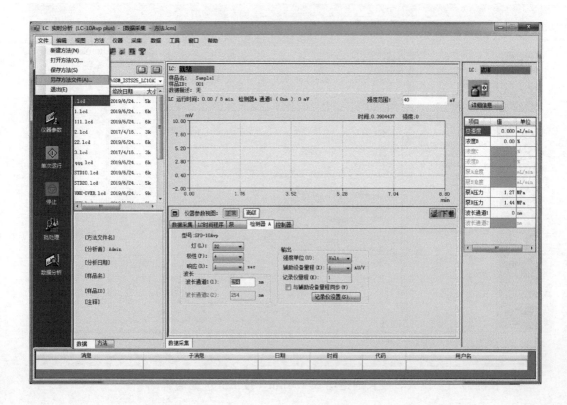

在"LC 实时分析"界面中,单击"下载"按钮,弹出以下对话框,单击"确定"。

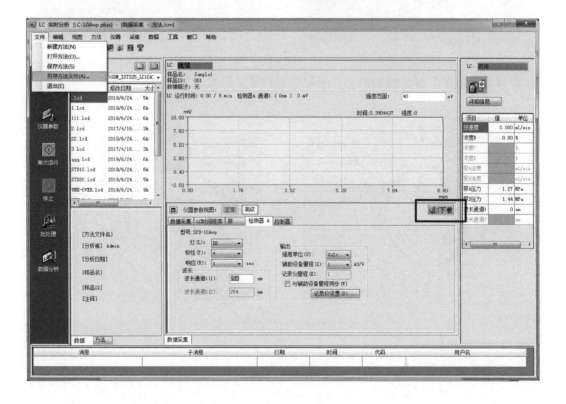

三、在线脱气、平衡系统

1. 打开色谱泵排液阀

① 打开色谱泵 A 排液阀 OPEN，逆时针旋转泵 A 排放阀至横向。

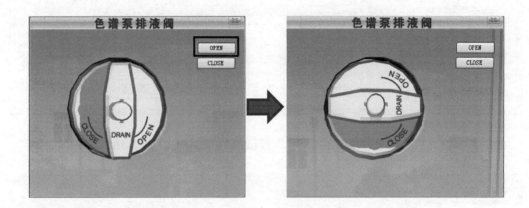

② 打开色谱泵 B 排液阀 OPEN，逆时针旋转泵 B 排放阀至横向。

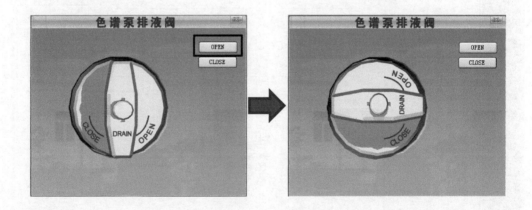

2. 泵操作面板操作

① 按下泵 A 控制面板上 purge 按钮 purge 。

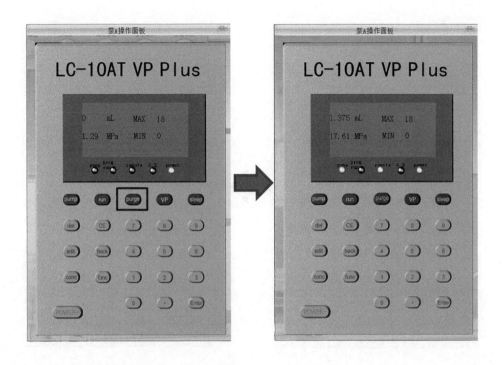

② 按下泵 B 控制面板上 purge 按钮 purge 。

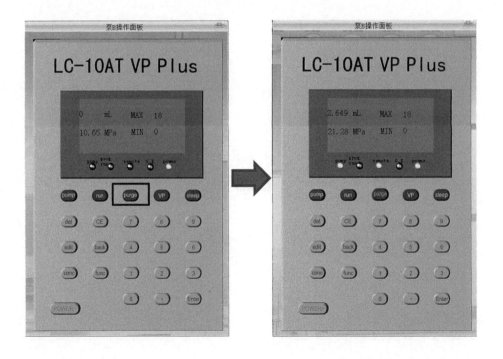

3. 在线脱气

① 自动脱气 3 分钟（模拟时间 100s）后，泵 A 自动停止运行，pump 指示灯灭。

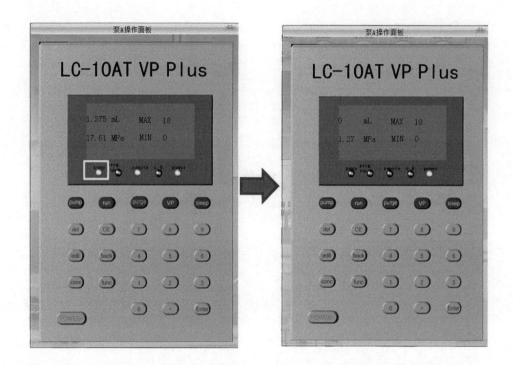

② 自动脱气 3 分钟（模拟时间 100s）后，泵 B 自动停止运行，pump 指示灯灭。

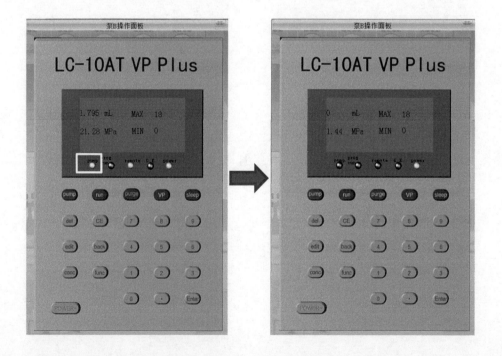

4. 关闭色谱泵排液阀

① 单击色谱泵 A 排液阀 CLOSE，顺时针旋转泵 A 排液阀到底，关闭排液阀。

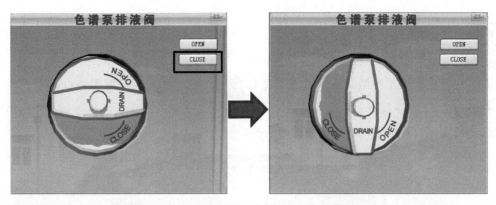

② 单击色谱泵 B 排液阀 CLOSE，顺时针旋转泵 B 排液阀到底，关闭排液阀。

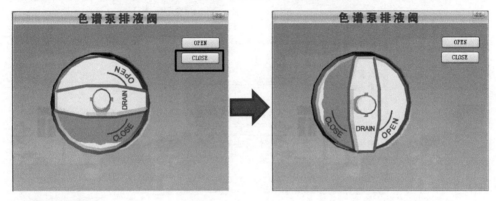

5. 启动色谱泵 A

在工作站上单击"泵开关"图标 ，启动色谱泵 A。

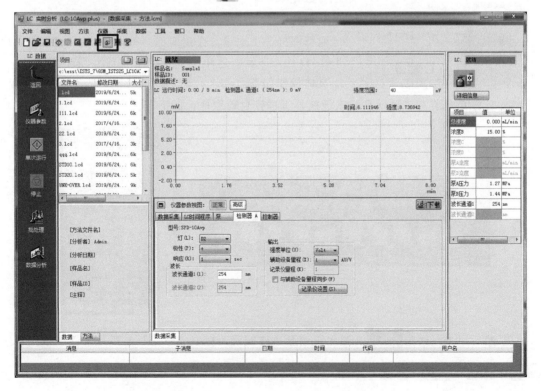

操作演示

四、单次分析

1. 单次运行

单击工作站"单次运行"图标 ，显示单次运行视图窗口，输入样品名 1，方法文件（选择之前保存的方法文件），数据文件为"1"（单击后面的文件夹选择数据文件存储的位置以及数据文件名），进样体积设置为"20"。

单次运行参数设置完成后，单击"确定"，弹出"数据采集开始"窗口单击"开始"，开始进行数据采集。

2. 进样

取待测样品 1 适量，排出气泡，抽取 $20\mu L$，将六通阀掰至 LOAD 挡、放针、进样、INJECT、抽针，采样结束。

具体操作如下：

① 首先单击装有 1 号样品的安瓿瓶，进样针自动取样，如下图。

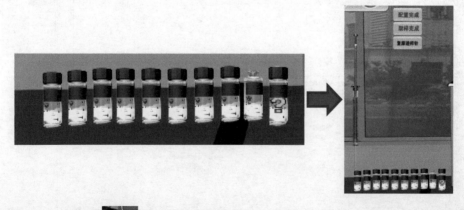

② 然后单击六通阀 ，弹出色谱泵进样阀对话框，如下图，然后从上往下依次单击

。

3. 图谱采集

① 回到数据采集窗口,得到样品 1 的数据分析图谱,如下图(观察图谱上方由"正在运行…"变成"就绪",即表示图谱采集完毕)。

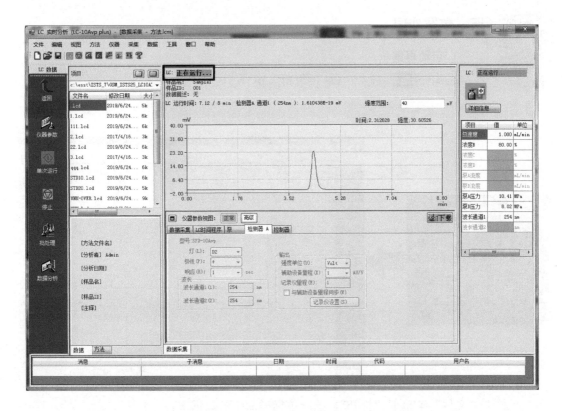

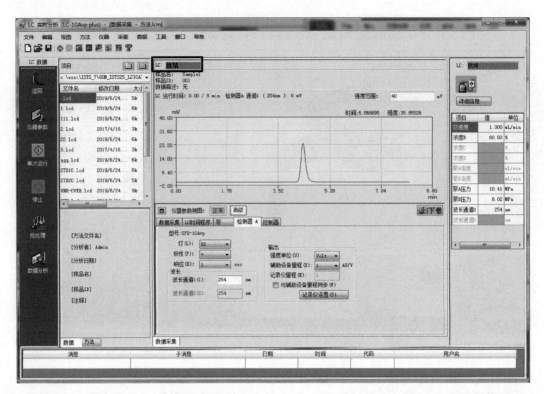

② 重复以上1、2、3的操作步骤,完成2号~9号样品的数据采集(9号为未知样品)。保存得到9个数据图谱文件。

五、数据处理

1. 启动再解析

① 单击 ,进入"LC 再解析"窗口。

操作演示

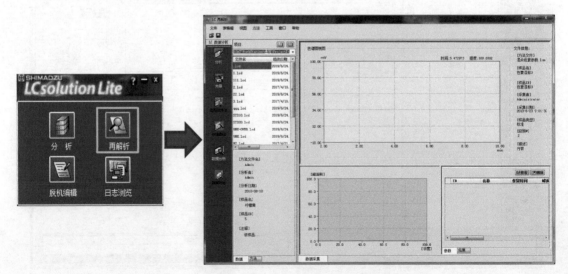

② 单击"文件"菜单下"打开",选择单标样品1的数据文件。

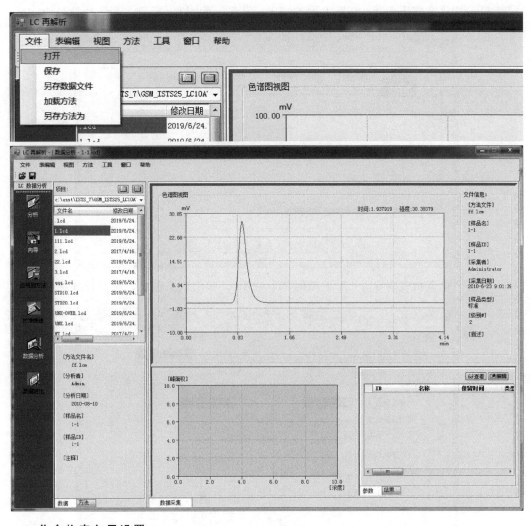

2. 化合物表向导设置

① 单击"向导"图标 ，弹出以下化合物表向导窗口。

② 单击"化合物表向导1/5"下面的"下一步",弹出以下窗口,在选择处打钩。

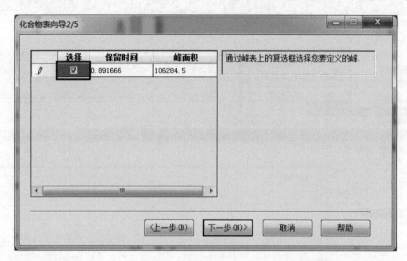

③ 单击"化合物表向导2/5"下面的"下一步",弹出以下窗口,选择校准级别为8。

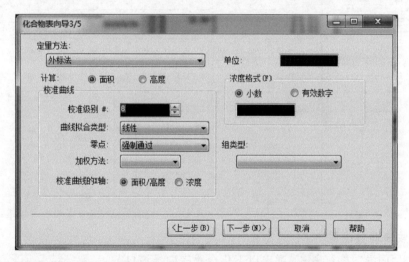

④ 单击"化合物表向导3/5"下面的"下一步",弹出下面窗口。

项目五　高效液相色谱法测定合成色素柠檬黄、日落黄、胭脂红的含量

⑤ 单击"化合物表向导 4/5"下面的"下一步",弹出"化合物表向导 5/5"窗口,在名称处填入"柠檬黄",单击"完成"。

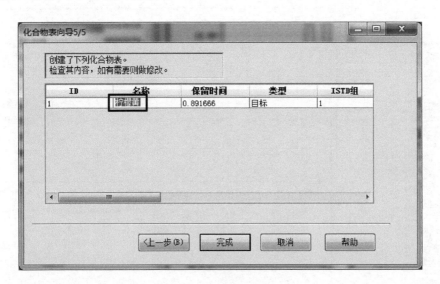

3. 数据文件的保存

① 单击"文件"菜单栏下"保存"。

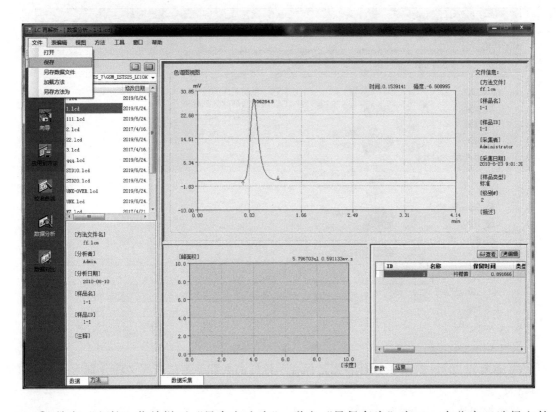

② 单击"文件"菜单栏下"另存方法为",弹出"另保存为"窗口,在此窗口选择文件要保存的位置,并命名文件的保存名称为"柠檬黄",单击保存,得到一个名称为柠檬黄的数据文件。

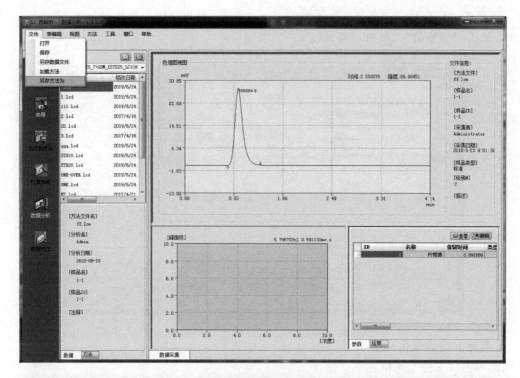

③ 重复以上1、2、3的操作步骤，保存单标样品2和3数据处理文件分别为"胭脂红""日落黄"。

4. 数据对比

① 在LC再解析窗口中，单击"数据对比" 。

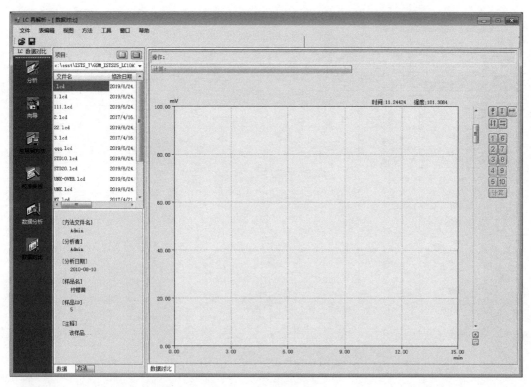

② 在LC再解析-[数据对比]窗口中，单击菜单栏下"文件"—"打开"—"添加数据文件"。

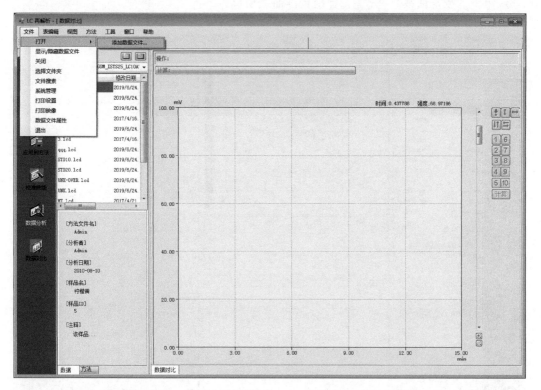

③ 选择样品1的数据文件，再重复打开样品2、3和未知样品9的数据文件，得到下图。

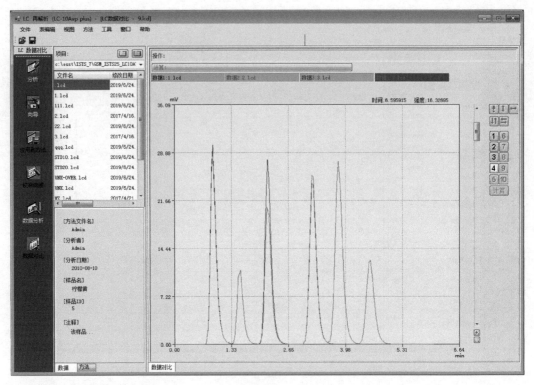

5. 绘制柠檬黄校准曲线

① 单击"校准曲线" ，弹出校准曲线窗口。

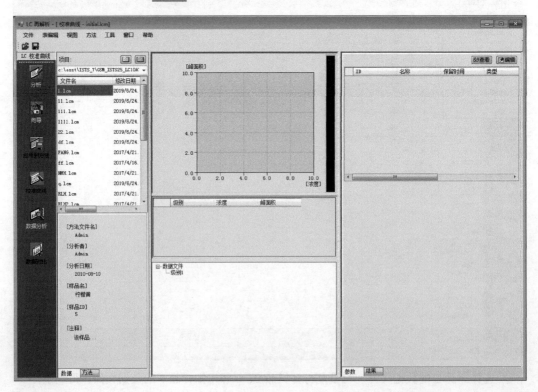

② 单击"文件"—"打开方法文件",选择"柠檬黄"数据处理文件。

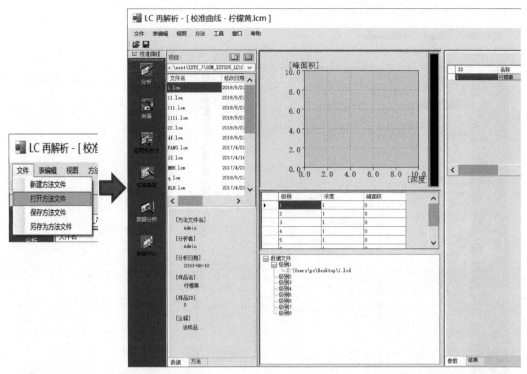

③ 添加数据文件,单击"级别2",右键选择"添加",选择数据文件"2",重复此操作,完成级别3~8数据文件添加。

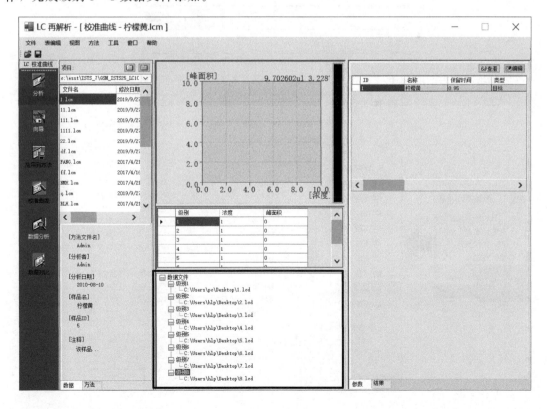

④ 单击"编辑" [编辑]，填入柠檬黄的浓度（μg/mL），依次为 10、0、0、5、7、10、15、20。

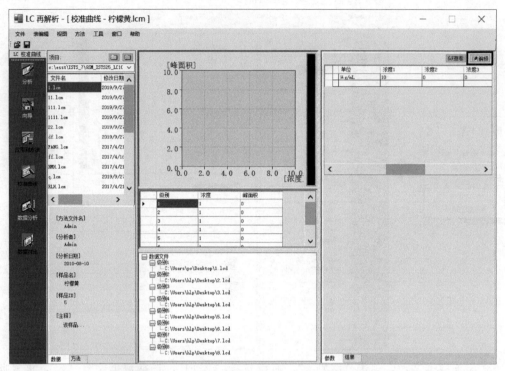

⑤ 单击"查看" [查看]。

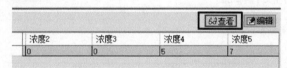

⑥ 单击"文件"菜单下"另存为方法文件"，保存柠檬黄的校准曲线数据为"柠檬黄1"。

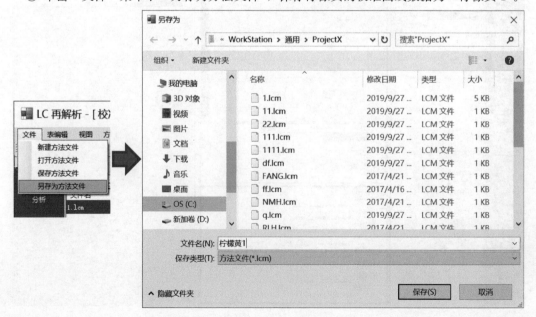

6. 绘制胭脂红校准曲线

① 单击"文件"菜单下"打开方法文件",选择"胭脂红"数据处理文件。

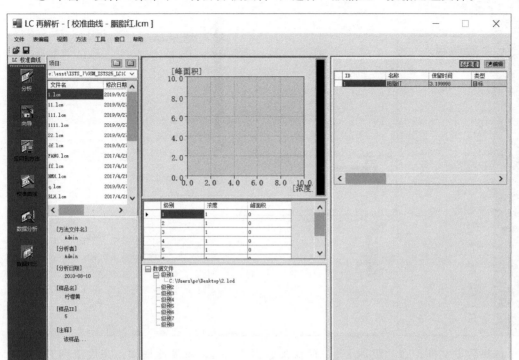

② 添加数据文件,单击"级别1"下面的数据文件,右键选择"删除"。

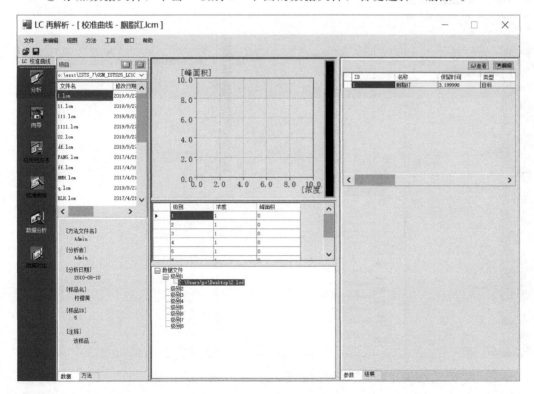

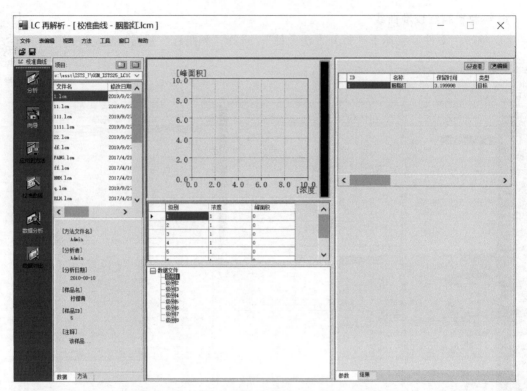

③ 选择数据文件,在"级别1"下面添加数据文件1,重复此操作,完成级别2~8数据文件添加。

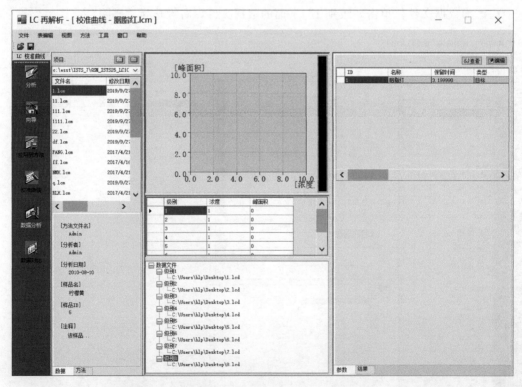

④ 单击"编辑" 编辑 ,填入胭脂红的浓度（μg/mL）,依次为0、10、0、5、7、10、15、20。

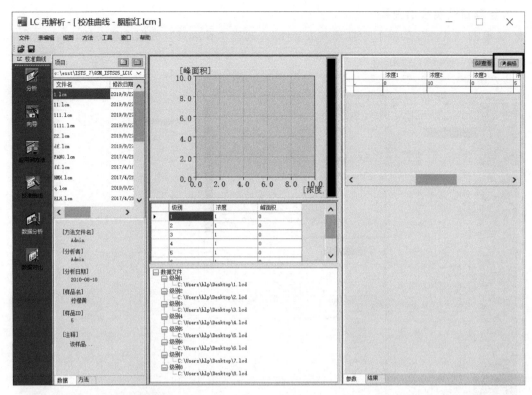

⑤ 单击"查看" 查看;"文件"菜单下"另存为方法文件",保存胭脂红的校准曲线数据为"胭脂红1"。

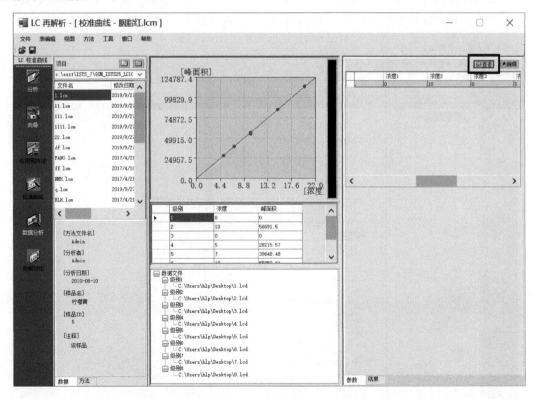

7. 绘制日落黄校准曲线

① 单击"文件"菜单下"打开方法文件",选择"日落黄"数据处理文件。

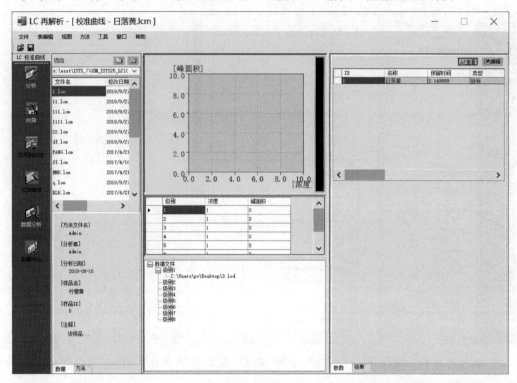

② 添加数据文件,单击"级别1"下面的数据文件,右键选择"删除";选择数据文件,在"级别1"下面添加数据文件1,重复此操作,完成级别2~8数据文件添加。

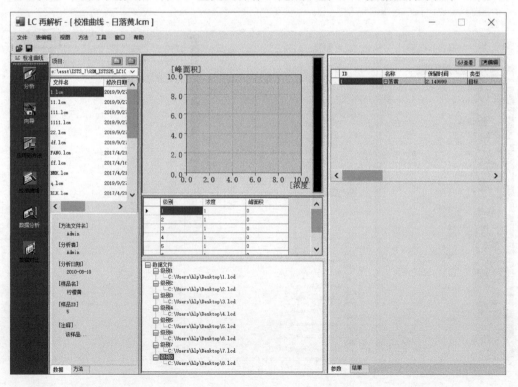

③ 单击"编辑" 编辑，填入日落黄的浓度（μg/mL），依次为 0、0、10、5、7、10、15、20。

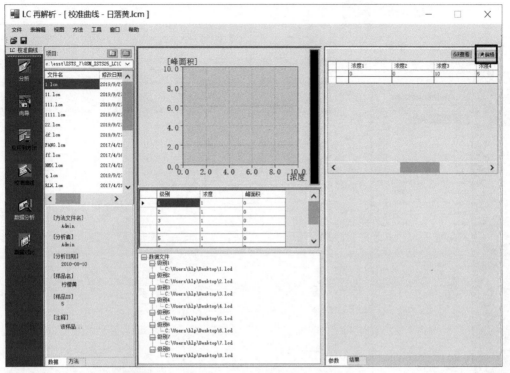

④ 单击"查看" 查看；"文件"菜单下"另存为方法文件"，保存日落黄的校准曲线数据为"日落黄1"。

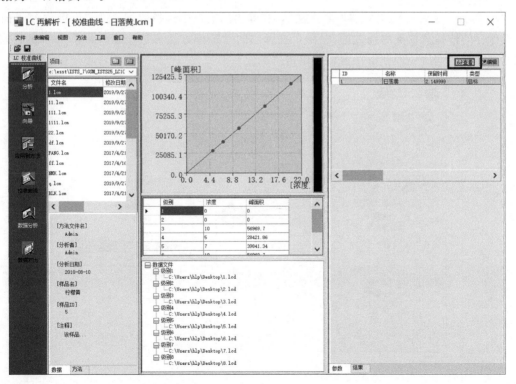

六、数据分析

① 单击"数据分析" ![数据分析], 单击"文件"菜单下"打开",选择"未知样品9"。

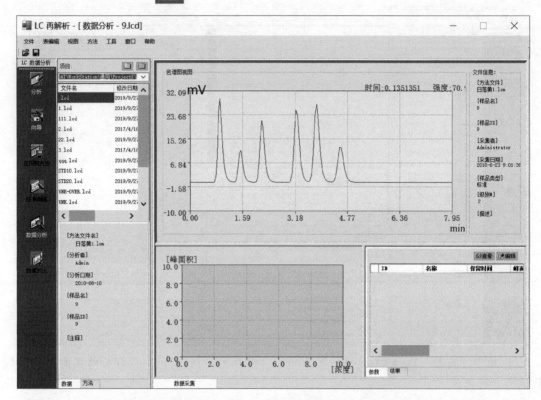

② 单击"文件"菜单下"加载方法",在弹出的窗口中选择数据文件"柠檬黄1"(前面已经保存的柠檬黄校准曲线数据文件),在弹出的"选择方法参数"窗口,单击"确定"按钮,继续弹出"后处理分析"窗口,单击"确定"。

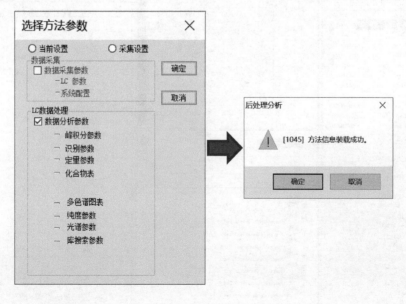

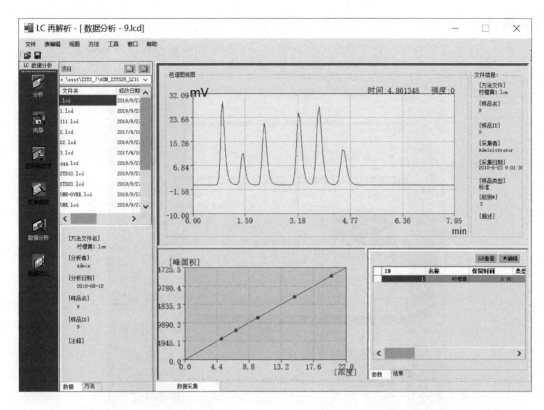

③ 重复上述第②步，加载胭脂红和日落黄的校准曲线数据文件，然后单击"文件"菜单下"另存数据文件"，保存实验结果。

七、关机

关闭色谱工作站软件,从上往下关闭色谱系统,即关闭数据交换机→检测器→泵B→泵A,最后关闭电脑主机。

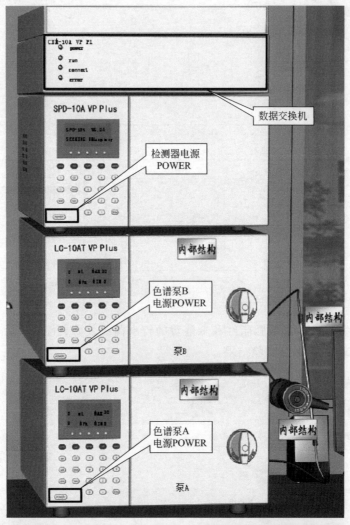

任务三　HPLC20AT 测定合成色素含量仿真实验操作步骤

操作演示

LC20AT 液相色谱仪见下图。

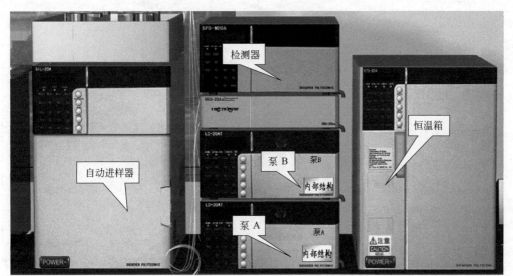

一、样品制备

打开自动进样器，弹出以下窗口。

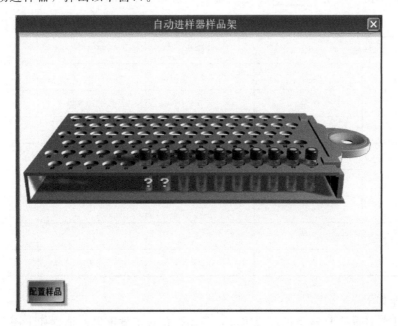

单击"配置样品" 配置样品 按钮，弹出以下窗口。

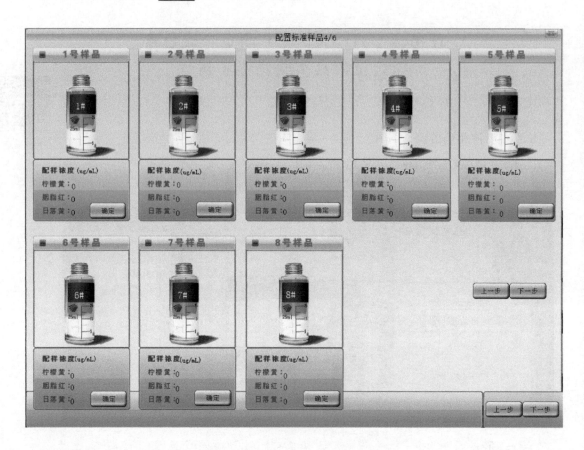

按表 5-3 的浓度要求（具体配制样品的方案以老师要求为准），开始配制各标准样品，配制完成后，单击"确定" 确定 按钮，盖上 1 号至 8 号样品的瓶盖。

表 5-3　配制样品的浓度　　　　　　　　　　　　　　　　　　　　　单位：μg/mL

样品		柠檬黄	胭脂红	日落黄
单标	1号	10	0	0
	2号	0	10	0
	3号	0	0	10
混标	4号	5	5	5
	5号	7	7	7
	6号	10	10	10
	7号	15	15	15
	8号	20	20	20

具体操作如下：
先单击 1 号样品下柠檬黄的配样浓度，弹出柠檬黄浓度配制对话框如下图。

项目五　高效液相色谱法测定合成色素柠檬黄、日落黄、胭脂红的含量

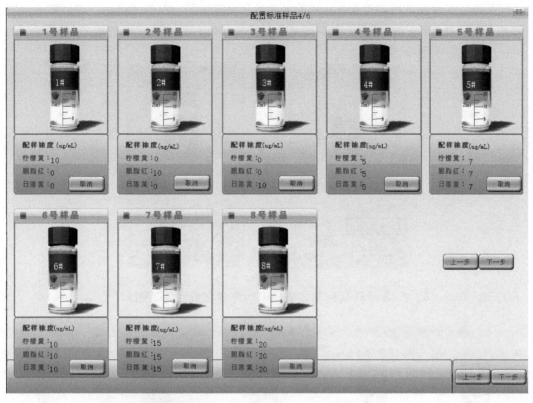

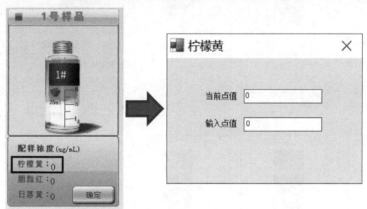

在弹出的对话框中进行参数设置：输入点值中输入"10"，按 Enter 键确认。其他各样品的配样浓度见表 5-3，用相同的方法进行配制。

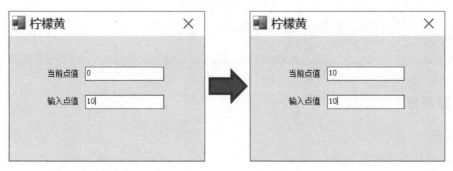

样品浓度配制完成后，检查各样品的浓度参数设置情况，准确无误后，盖上瓶盖。以1号样品为例，单击右下角"确定"，即可盖上瓶盖（如下图）。

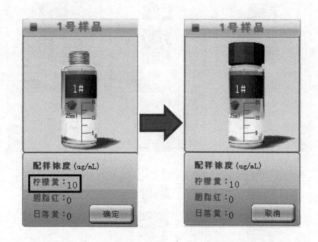

2、3、4、5、6、7、8号样品配制方法同上，配制完成后如下图。

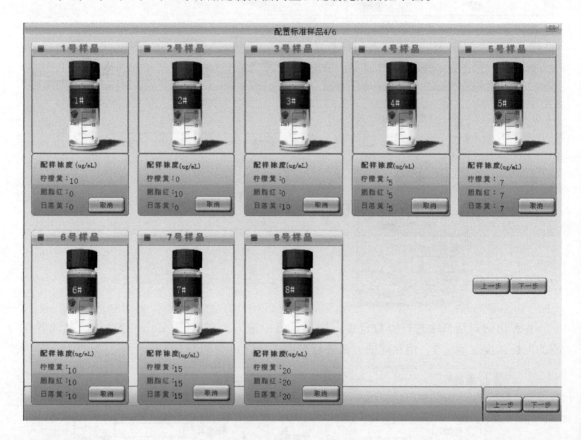

二、数据采集

1. 开机

① 打开柱温箱电源开关。

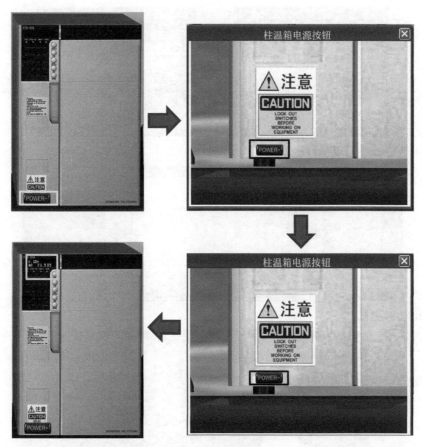

② 打开色谱泵 A 电源 POWER。

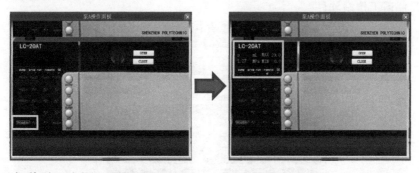

③ 打开色谱泵 B 电源 POWER。

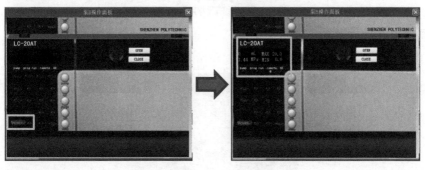

④ 开启检测器电源 POWER。

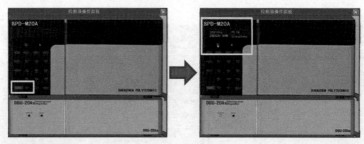

⑤ 打开自动进样器电源。

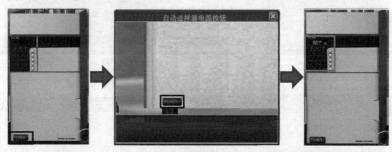

⑥ 打开电脑主机。

⑦ 打开色谱工作站软件。

2. 启动实时分析数据采集窗口

① 单击"分析"图标,启动实时分析,单击泵开关图标 ![icon]。

项目五 高效液相色谱法测定合成色素柠檬黄、日落黄、胭脂红的含量

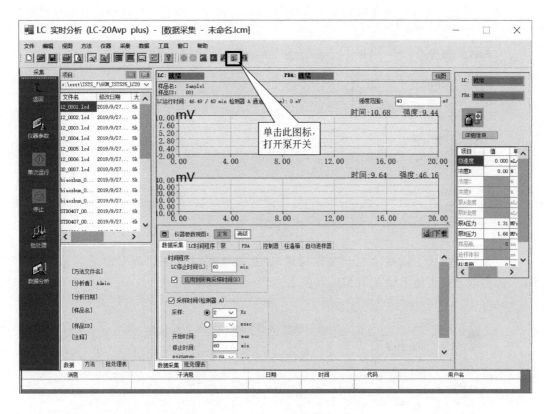

② 新建数据采集方法。单击"文件"菜单上"新建方法"。

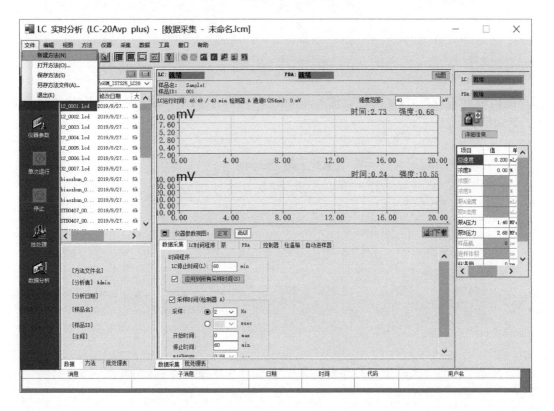

③ 参数设置。在 LC 停止时间上输入时间 6min，回车，单击"应用到所有采样时间"。

在"泵"的模式上选择"二元高压梯度"，总流速 1mL/min，回车，泵 B 浓度 10%，回车，压力限制最大值上输入 16MPa，回车。

在 PDA 中灯选择"D2&W"，输入开始波长 190nm，回车，输入结束波长 1000nm，回车。其余默认。

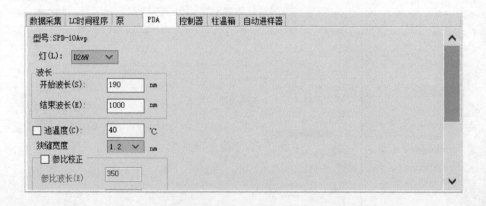

④ 单击"文件"菜单上"另存方法文件"，保存在桌面或某个文件夹里。

项目五　高效液相色谱法测定合成色素柠檬黄、日落黄、胭脂红的含量

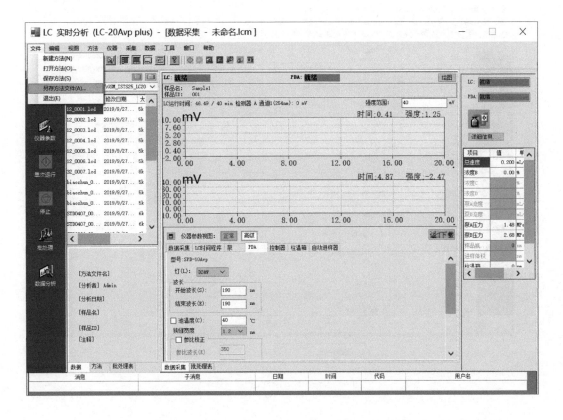

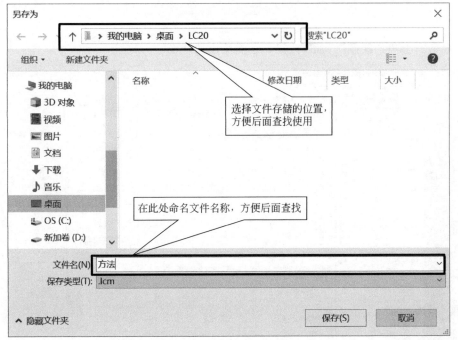

⑤ 单击"下载" 下载 按钮，弹出以下对话框，单击"确定"。

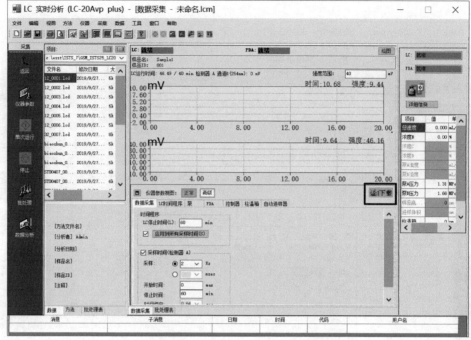

⑥ 单击右上角"绘图" 绘图 按钮,绘制流出曲线图。

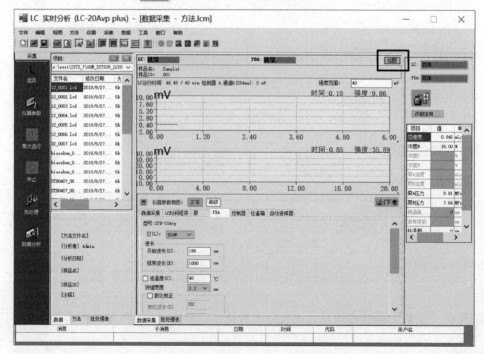

3. 批处理

调出批处理系统（单击数据采集界面左侧的"批处理"图标），弹出批处理窗口。

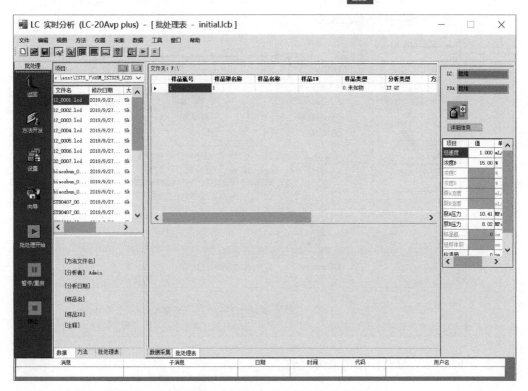

单击"文件"菜单下"新建批处理文件"，新建一个批处理文件。

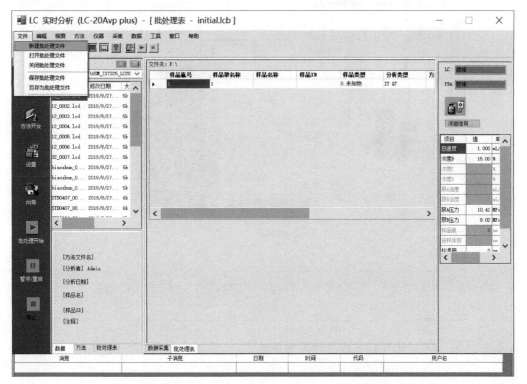

单击"向导" ，弹出"批处理向导-标准位置"窗口，调出前面保存的方法文件。

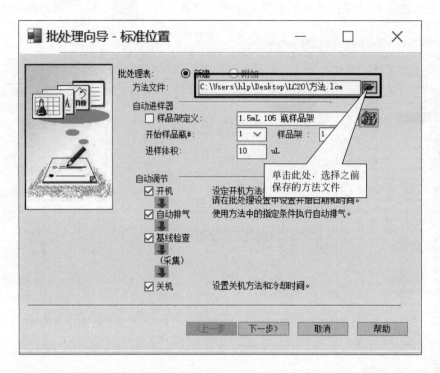

单击"下一步"，修改样品组数为"8"。

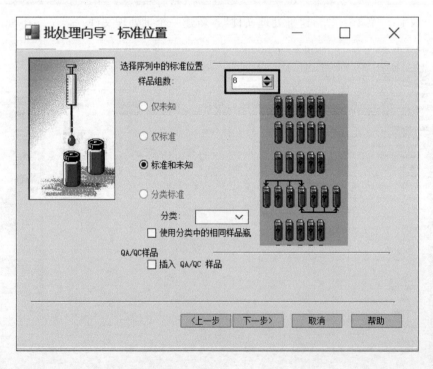

单击"下一步"，填写标准样品数据文件名。

项目五　高效液相色谱法测定合成色素柠檬黄、日落黄、胭脂红的含量

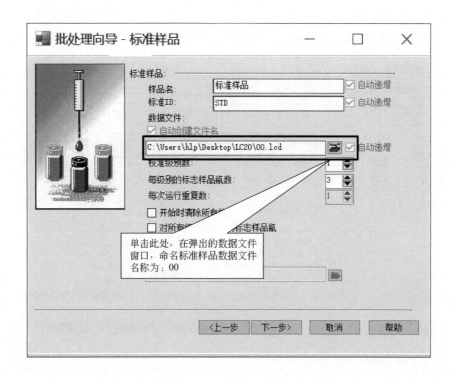

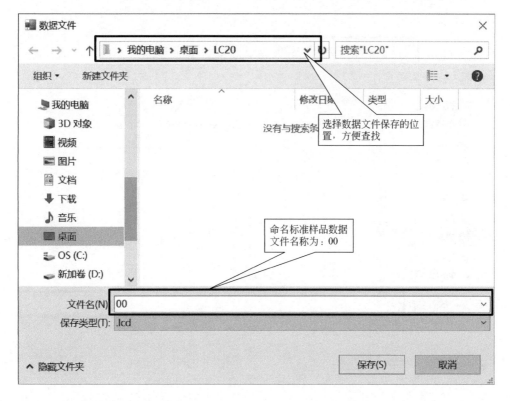

单击"下一步",填写未知样品数据文件名。

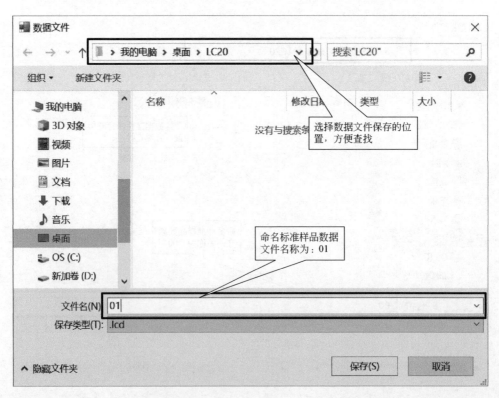

单击"下一步",单击"完成"。

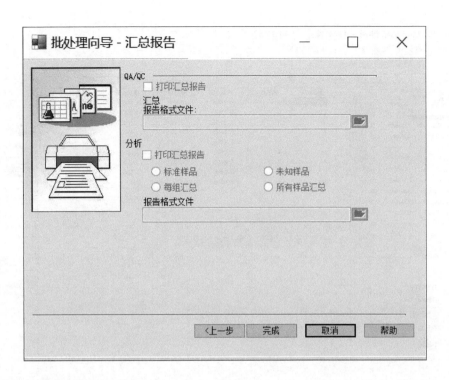

软件将自动生成批处理表。

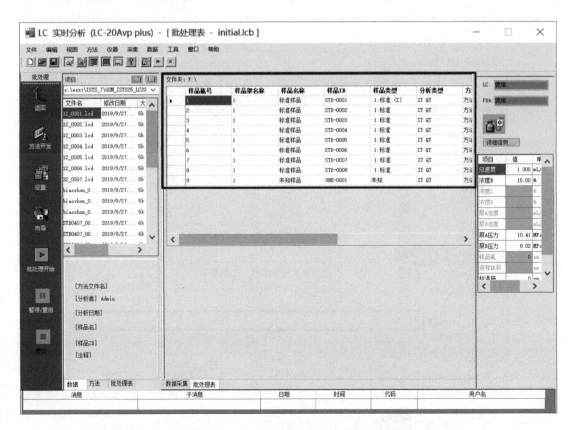

单击"文件"中"另存批处理文件",保存刚刚生成的批处理文件。

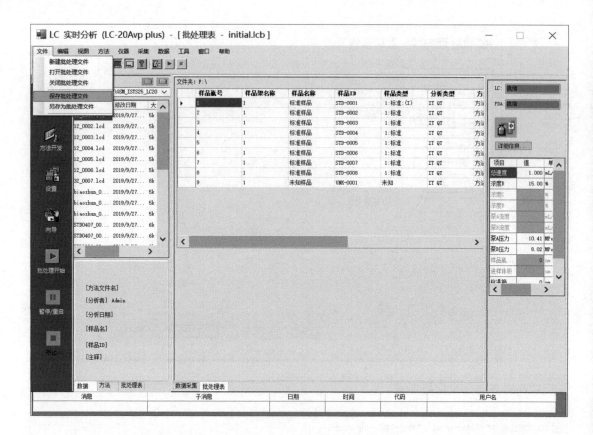

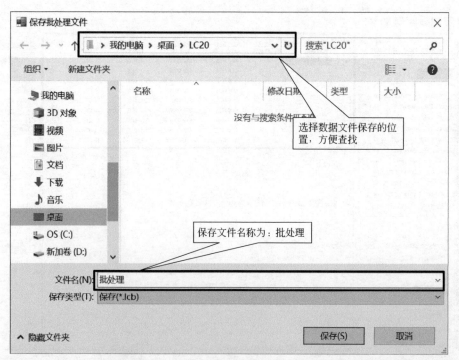

单击"批处理开始" 按钮,开始数据采集(出图谱大约需要 8 分钟)。

项目五 高效液相色谱法测定合成色素柠檬黄、日落黄、胭脂红的含量

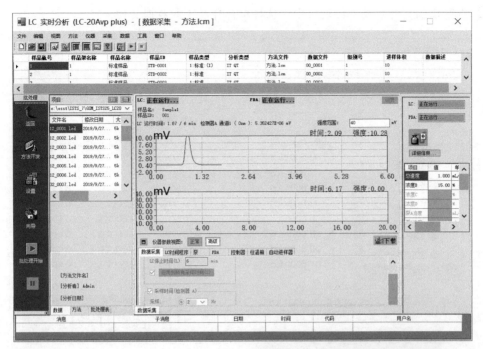

三、数据处理

1. 启动再解析窗口

启动工作站"再解析",进入"LC 再解析"窗口。

2. 打开数据文件

① 单击"文件"—"打开"。

操作演示

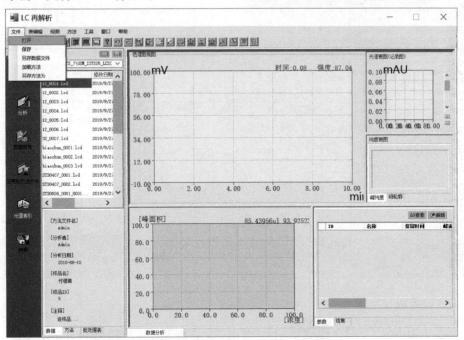

② 在弹出的打开数据文件窗口中，选择单标样品 1 的数据文件。

③ 单击"打开"，弹出以下窗口。

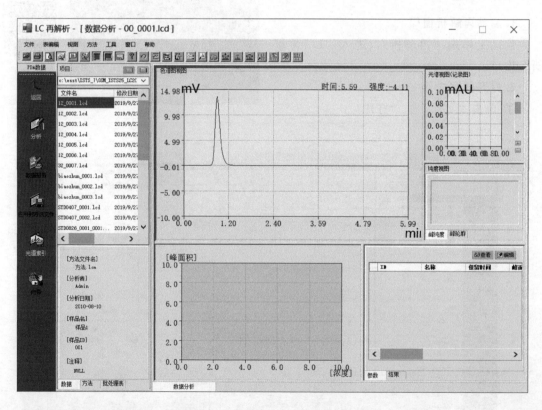

3. 化合物表向导设置

① 单击上图中的"向导" 图标，弹出"化合物表向导 1/5"窗口，单击"下一步"。

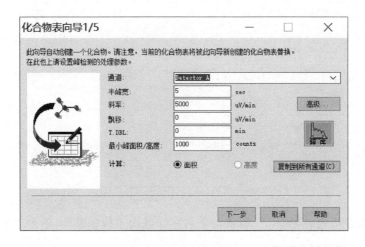

② 弹出"化合物表向导 2/5"窗口，在选择处打钩，单击"下一步"。

③ 弹出"化合物表向导 3/5"窗口，校准级别为 8，单击"下一步"。

④ 弹出"化合物表向导 4/5"窗口，单击"下一步"。

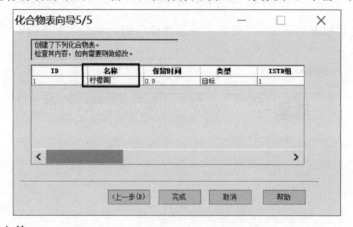

⑤ 弹出"化合物表向导5/5"窗口,在名称处填入"柠檬黄",单击"完成"。

4. 保存数据文件

① 单击"文件"下拉菜单中的"保存"。

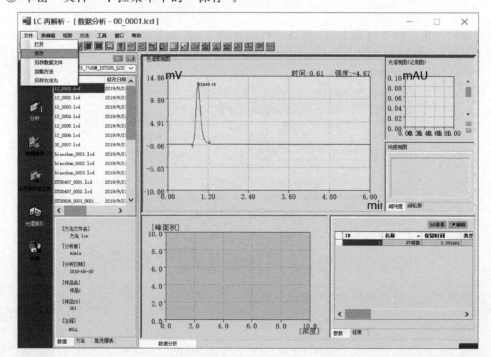

② 单击"文件"下拉菜单中的"另存方法为",在弹出的另存为窗口中保存文件名称为"柠檬黄"。

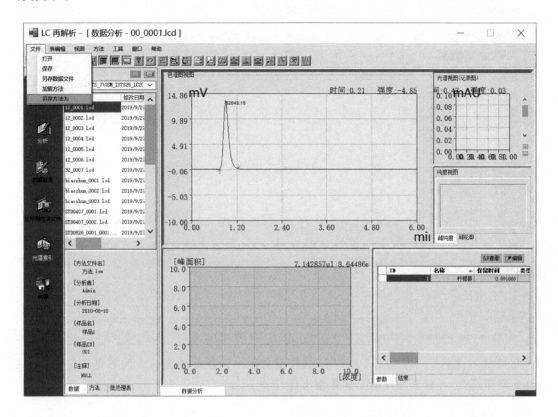

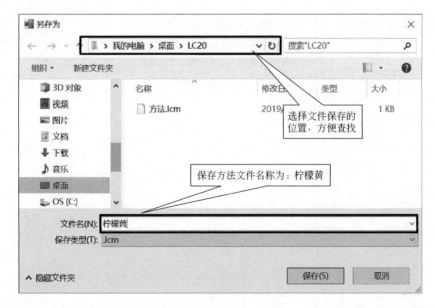

③ 重复上述 2、3、4 的操作步骤,保存单标样品 2 和 3 数据处理文件分别为"胭脂红""日落黄"。

④ 单击"返回" ，单击"数据对比" 。

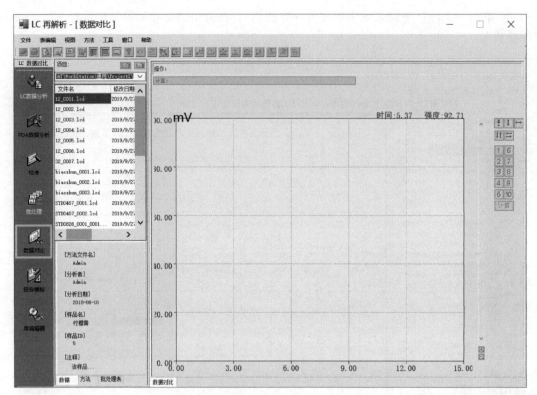

⑤ 单击"文件"—"打开"—"添加数据文件"选择标准样品 1 的数据文件,再分别打开标准样品 2、3 和未知样品 9 的数据文件。

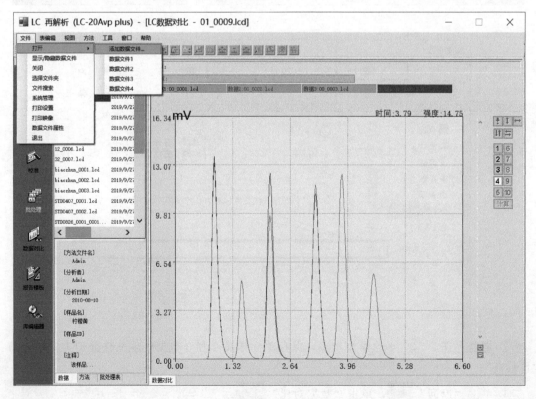

5. 打开校准曲线窗口

① 单击左侧"校准" 图标，在弹出的校准曲线窗口中，单击"文件"—"打开方法文件"。

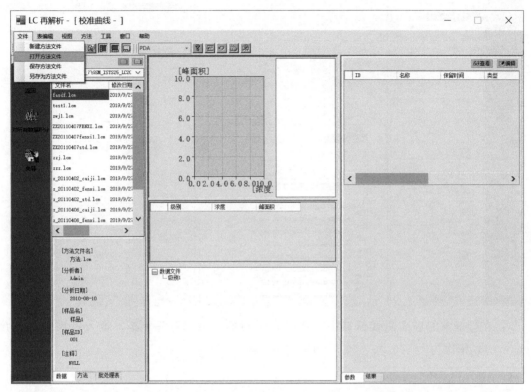

② 选择"柠檬黄"数据处理文件，单击"打开"。

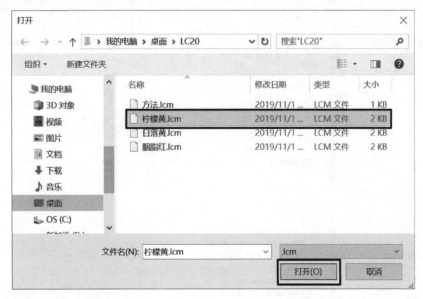

③ 弹出柠檬黄的校准曲线窗口。

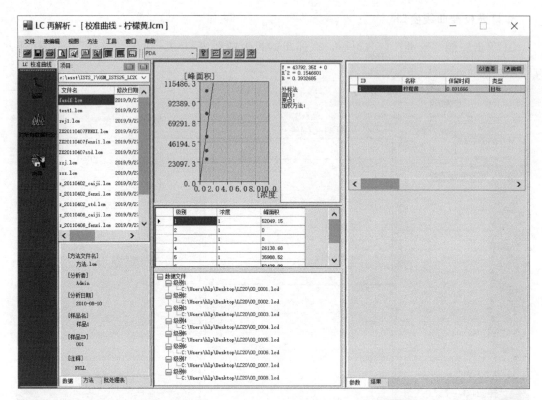

④ 在柠檬黄的校准曲线窗口中,单击右上角的"编辑" 编辑 ,填入柠檬黄的浓度（μg/mL）,依次为 10、0、0、5、7、10、15、20。

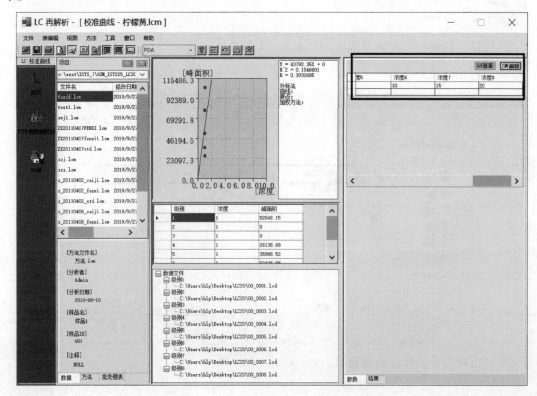

⑤ 单击"查看" 查看，得到以下柠檬黄的校准曲线，单击"文件"—"另存为方法文件"。

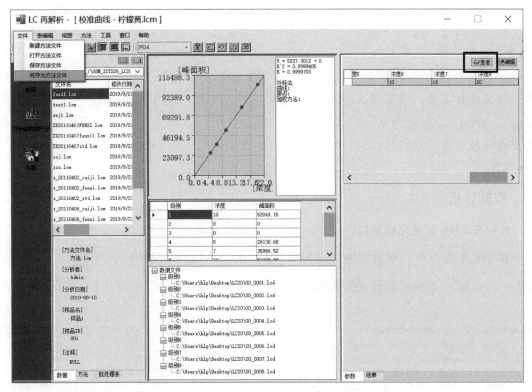

⑥ 保存柠檬黄的校准曲线数据，命名文件为"柠檬黄1"。

⑦ 打开胭脂红的数据处理文件。单击"文件"—"打开方法文件",选择"胭脂红"数据处理文件,重复第4、5、6步[单击右上角的"编辑" 编辑 ,填入胭脂红的浓度(μg/mL),依次为0、10、0、5、7、10、15、20,单击"查看" 查看 ,得到胭脂红的校准曲线,单击"文件"—"另存为方法文件",保存胭脂红的校准曲线数据为"胭脂红1"]。

⑧ 打开日落黄的数据处理文件。单击"文件"—"打开方法文件",选择"日落黄"数据处理文件,重复第4、5、6步[单击右上角的"编辑" 编辑 ,填入日落黄的浓度(μg/mL),依次为0、0、10、5、7、10、15、20,单击"查看" 查看 ,得到日落黄的校准曲线,单击"文件"—"另存为方法文件",保存日落黄的校准曲线数据为"日落黄1"]。

四、数据分析

1. 打开 PDA 数据分析窗口

在校准曲线窗口,单击左侧"返回" 返回 ,单击"PDA 数据分析" PDA数据分析 ,单击"文件"—"打开",在弹出的打开数据文件窗口中选择"未知样品9"。

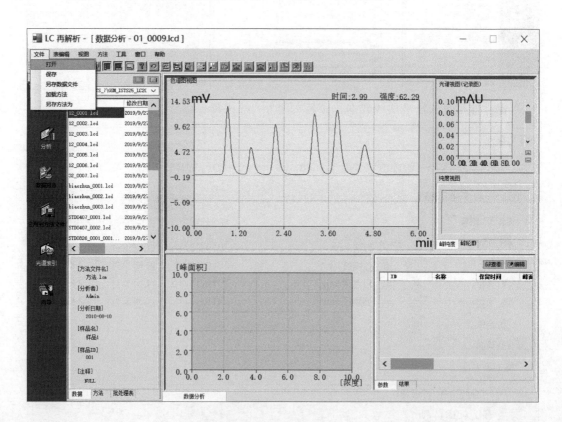

2. 加载方法

① 单击"文件"下拉菜单中的"加载方法"。

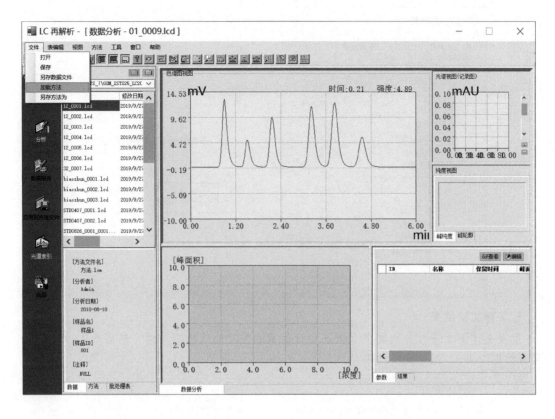

② 在弹出的加载方法窗口中，选择"柠檬黄1"，单击"打开"。

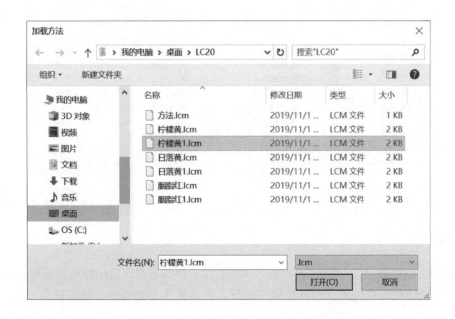

③ 在弹出的选择方法参数窗口单击"确定"，在"后处理分析"窗口单击"确定"，查看结果。

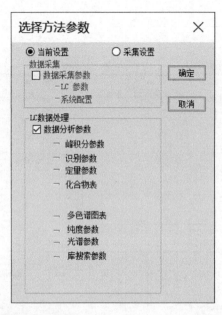
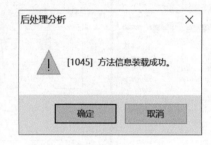

3. 保存实验结果

重复上述第 2 步，分别加载胭脂红和日落黄的校准曲线数据文件，然后单击"文件"—"另存数据文件"，保存实验结果。

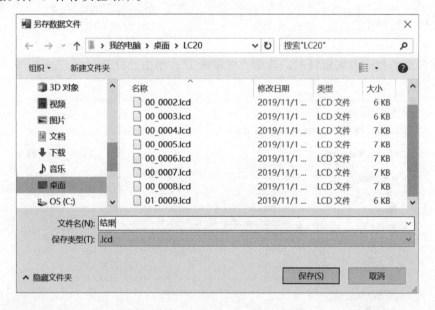

五、关机

关闭色谱工作站软件，关闭电脑主机，关闭自动进样器电源，关闭检测器电源，关闭泵 B，关闭泵 A，关闭柱温箱电源（与开机顺序相反，具体操作参考前面开机过程）。

项目六

苯甲酸的红外光谱测定（压片法）

任务一　红外光谱法基本原理简介

用从光源发出的连续红外线光谱照射样品，记录样品的吸收曲线而进行定性、定量分析的方法，称为红外吸收光谱法，简称红外光谱法（IR）。

按波长不同，一般将红外光区分为近红外区（0.75～2.5μm）、中红外区（2.5～25μm）和远红外区（25～1000μm）三个区域。绝大多数化合物的化学键振动出现在中红外区，因此应用最广泛的是中红外光谱。

红外吸收光谱在定性、定量分析方面都有广泛的应用，如未知物的鉴别、化学结构的确定、化学反应过程的控制和反应机理的研究、区别异构体、纯度检查、质量控制以及环境污染的监测等。像每个人的指纹各不相同一样，每种有机化合物都有其特定的红外光谱。可以根据红外光谱知道化合物含什么官能团推断分子结构，再结合化学方法和其他仪器分析方法，就可以最终确定被测物分子的结构。所以红外吸收光谱法在石油、化工、药物、食品等诸多领域的生产和科研中，已成为一种强有力的、不可缺少的分析手段。

红外吸收光谱法具有如下特点：

① 有机物的官能团的特征吸收频率作为红外光谱定性分析的依据，没有两种化合物具有相同的红外光谱图（除光学异构体外），所以红外光谱法广泛用于有机化合物的结构鉴定。

② 红外光谱法不仅用于物质化学组成分析，还可用于分子结构的基础研究，应用广泛。

③ 样品用量少且可回收，不破坏样品，1mg固体或液体试样就可以完成一般的红外光谱分析，且分析速度快，操作方便。

④ 不受样品相态的限制，亦不受熔点、沸点和蒸气压的限制。无论是固态、液态或气态样品都能直接测定，甚至对一些表面涂层和不溶、不熔融的弹性体（如橡胶），也可直接测得其红外光谱。

⑤ 红外吸收光谱法所用的仪器比较复杂，而且价格较贵，操作技术性强，辨认光谱图比较困难，需要有较多的经验，而且要有大量的标准谱图或标准样品，这给红外吸收光谱法

的普及应用带来了一定的困难。

一、分子的振动

红外吸收光谱是由分子振动-转动能级跃迁产生的光谱。其中中红外光谱是由分子振动能级跃迁产生的振动光谱。分子的振动类型有两种：伸缩振动和弯曲振动。实验证明，当分子间的振动能产生偶极矩周期性的变化时，对应的分子才具有红外活性，其红外吸收光谱图才可给出有价值的定性定量信息。

（1）伸缩振动　化学键两端的原子沿键轴方向作来回周期运动，可分为对称伸缩振动和不对称伸缩振动。如下图所示。

对称伸缩振动　　　反对称伸缩振动

（2）弯曲振动　化学键角发生周期性变化的振动，可分为剪式振动、平面摇摆振动、非平面摇摆振动和扭曲振动。如下图所示。

剪式振动　　　平面摇摆振动　　　非平面摇摆振动　　　扭曲振动

二、红外光谱的产生

并不是分子的任何振动都能产生红外吸收光谱，分子必须同时满足以下两个条件时，才能产生红外吸收。

（1）能量必须匹配　即只有当照射分子的红外辐射频率与分子某种振动方式的频率相同时，分子吸收能量后，从基态振动能级跃迁到较高能量的振动能级，从而在图谱上出现相应的吸收带。

（2）分子振动时，必须伴随有瞬时偶极矩的变化　一个分子有多种振动方式，只有使分子偶极矩发生变化的振动方式，才会吸收特定频率的红外辐射，这种振动方式具有红外活性。

三、红外光谱仪的类型

红外光谱仪主要有两大类：色散型红外光谱仪和干涉型傅里叶变换红外光谱仪。色散型红外光谱仪，又称经典红外光谱仪，其构造系统基本上和紫外可见分光光度计相同，主要由光源、吸收池、单色器、检测器、信号处理及显示系统五个部分组成。常用的红外光源有能斯特灯与硅碳棒；单色器由狭缝、准直镜和色散元件（光栅或棱镜）通过一定的排列方式组合而成，棱镜由红外透光材料如卤化物晶体制成；检测器常用高真空热电偶、测热辐射计、气体检测计、热检测器和光检测器等。干涉型傅里叶变换红外光谱仪，又称傅里叶变换红外光谱仪或傅里叶红外光谱仪（FTIR），它具有极高的分辨率（最高达 $0.005\sim 0.1\mathrm{cm}^{-1}$），极高的灵敏度（与色散型红外光谱仪相比，其光通量高 50 倍左右，信噪比高 30 倍左右），极宽的出谱范围（10000～10cm^{-1}），极快的扫描速度（在不到1s时间里可获得图谱，比色散型仪器高几百倍）。由于FTIR具有独特的优点，所以它被广泛应用于现代化学研究中，成为重要的分析仪器设备之一。本仿真实验测定苯甲酸含量中所使用的Nicolet380红外光谱仪就是一种智能型傅里叶红外光谱仪。

四、傅里叶红外光谱仪的构造及工作原理

FTIR由光源（硅碳棒、高压汞灯）、干涉仪（迈克尔逊干涉仪）、样品室、检测器、计算机和记录显示装置组成。

由光源发出的红外光进入干涉仪后被分成相同纯度的两束光，这两束光到达检测器时具有光程差，因而产生光的相干作用，形成干涉图，检测器将得到的干涉信号送入到计算机进行数学上的傅里叶函数变换，得到透射比随频率变化的红外光谱图。FTIR工作原理下图所示。

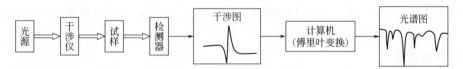

五、样品的制备方法

1. 气体样品

气体样品、低沸点液体样品和某些饱和蒸气压较大的样品，可用气相制样。气相制样通常使用10cm玻璃气体吸收池，当气体样品量较小时，可使用池体截面积不同、带有锥度的小体积气体吸收池，被测气体组分浓度较低时，可选用长光程气体吸收池（光程规格有10m、20m及50m），测定试样气体的压力，一般尽可能在267～101325Pa的低压状态。

2. 液体样品

测定液体样品时，应使用液体池。低沸点样品可采用固定池，一般常用可拆卸池，即将样品直接滴于两块盐片之间，形成液体毛细薄膜，进行测谱，称为液膜法。对于某些吸收很强的液体试样，需用溶剂配成浓度较低的溶液再滴入液体池中测谱。选择溶剂时要注意溶剂对溶质应有较大的溶解度，溶剂在较大波长范围内无吸收，不腐蚀液体池的盐片，对溶质不发生反应等。常用的溶剂有二硫化碳、四氯化碳、三氯甲烷、环己烷等。

3. 固体样品

固体样品的测定可采用：压片法、溶液法、糊状法、薄膜法。

（1）压片法　又称溴化钾压片法，将样品放在玛瑙研钵中，加入干燥的溴化钾，充分研磨混匀，然后放入压模中，使分布均匀，在压片机上加压，制成表面平滑、透明状的圆片，然后进行测量。本实验测定苯甲酸含量中苯甲酸样品的制备就采用溴化钾压片法。

（2）溶液法　将固体样品溶于溶剂中，按液体样品测定。此法适用于易溶于溶剂的固体样品，在定量分析中常用。常用的溶剂有CS_2、$CHCl_3$、CCl_4、$CCl_2=CCl_2$、环己烷、丙酮、二乙醚、四氢呋喃等。

（3）糊状法　将研细的样品与糊剂（如液体石蜡油）调成均匀的糊状物后，涂于窗片上进行测量。

（4）薄膜法　将试样溶于低沸点溶剂中，然后将溶液涂于 KBr 窗片上，待溶剂挥发后，样品即留在窗片上形成薄膜。若样品熔点较低，可将样品置于晶面上，加热熔化，合上另一晶片。

六、定性分析

由于每种化合物的红外光谱都具有鲜明的特征性，所以被誉为化合物"分子的指纹"。其谱带数目、位置、强度和形状都随化合物及其聚集状态的不同而异。因此根据化合物的红外光谱，就可以像辨认人的指纹一样，确定所分析化合物含有何种基团并进而推断其结构式。利用红外光谱对化合物进行定性分析的过程，称为谱图解析（即对红外光谱的辨认、识别）。

1. 官能团定性分析

在化学反应中引入或除去某官能团，则其红外光谱图中相应的特征吸收峰应出现或消失，进行光谱解析即可确定。进行图谱解析时，我们可以借助"基团频率表"，采用"查字典"的方法来确认基团或化学键的类型。

2. 已知物鉴定

当已经知道物质的化学结构，仅仅要求证实是否为所期待的化合物时，用红外光谱验证是一种行之有效的简便方法。

（1）用标准样品对照　若两者的红外光谱中谱带的数目、位置、相对强度以及形状完全相同，则试样与标准样品为同一化合物。

（2）与标准谱图对照　对照已知化合物的标准谱图，已经成为红外光谱定性分析中不可缺少的步骤。许多国家都编制出版了标准谱图集。最常用最全面的是萨特勒（Sadtler）标准红外光谱集。

3. 未知物结构测定

红外光谱的重要用途是测定未知物的结构。这里所指的未知物是指对分析者而言，而在标准谱图集上已有收载。在进行谱图解析时，首先要确认试样的纯度（应在98%以上），而且要根据试样的来源、物理化学常数或其他分析鉴定的手段，对可能的分子结构作些预想，再结合基团（或化学键）的特征频率、谱带的相对强度以及形状作出综合的分析判断，并对所确定的分子结构加以验证。具体步骤大致归纳如下。

（1）化学式的确定　首先由元素分析、分子量测定、质谱法等手段推导出化学式。

（2）不饱和度的计算　不饱和度即分子构式中达到饱和所缺一价元素的"对"数，即有机分子中是否含有双键、叁键、苯环，是链状分子还是环状分子等，对决定分子结构非常有用。

（3）确定分子中所含的基团或键的类型　依照特征官能团区、指纹区及四个重要光谱区域的特性，对谱图进行解析。

（4）推测分子结构　在确定了化合物类型和可能含有的官能团后，再根据各种化合物的特征吸收谱带，推测分子结构。

（5）分子结构的验证　确定了化合物的可能结构后，应对照相关化合物的标准红外光谱图或由标准物质在相同条件下绘制的红外光谱图进行对照。当谱图上所有的特征吸收谱带的位置、强度和形状完全相同时，才能认为推测的分子结构是正确的。

七、Nicolet380 智能型傅里叶红外光谱仪简介

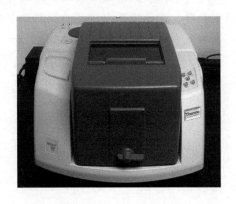

1. 技术参数

DSP 动态调整干涉仪，调整频率可达 130000 次/秒；

光谱范围近红外/中红外/远红外；

分辨率：0.9cm^{-1}，0.5cm^{-1}；

扫描速度快：40 张光谱/秒；

24 位 A/D 转换，2.0USB 接口；

测量范围为 $4000\sim400\text{cm}^{-1}$。

2. 主要特点

① 双工作模式专利 Ever-Glo 空冷红外光源，能量高，寿命长；

② 采用专利无磨损电磁驱动干涉仪，动态调整可达 130000 次/秒；

③ 光学台底板一体化，主部件对针定位，无需人工调整；

④ 智能附件即插即用；

⑤ 快扫描功能；

⑥ 主机集成直接操作按键，方便快捷。

八、苯甲酸红外光谱图分析

苯甲酸的红外光谱图如下图所示。

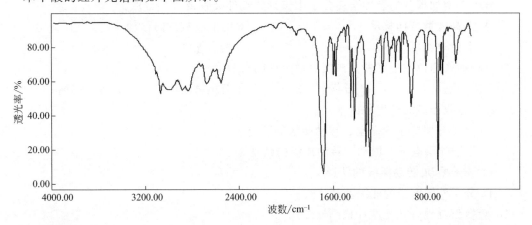

1. 官能团区

① 在 $1600\sim1581\text{cm}^{-1}$，$1419\sim1454\text{cm}^{-1}$ 内出现四指峰，由此确定存在单核芳烃 C=C

骨架，所以存在苯环。

② 在 2000～1700cm^{-1} 之间有锯齿状的倍频吸收峰，所以为单取代苯。

③ 在 1683cm^{-1} 存在强吸收峰，这是羧酸中羧基的振动产生的。

④ 在 3200～2500cm^{-1} 区域有宽吸收峰，所以有羧酸的 O—H 键伸缩振动。

2. 指纹区

700cm^{-1} 左右的 705cm^{-1} 和 667cm^{-1} 为单取代苯 C—H 变形振动的特征吸收峰。

九、自测练习

1. 羰基化合物 RCOR（1）、RCOC（2）、RCOCH（3）、RCOF（4）中，C=O 伸缩振动频率出现最高者为（　　）。

　　A.（1）　　　　　B.（2）　　　　　C.（3）　　　　　D.（4）

2. 在醇类化合物中，O—H 伸缩振动频率随溶液浓度的增加，向低波数方向位移的原因是（　　）。

　　A. 溶液极性变大　　　　　　B. 形成分子间氢键随之加强

　　C. 诱导效应随之变大　　　　D. 易产生振动偶合

3. 傅里叶变换红外分光光度计的色散元件是（　　）。

　　A. 玻璃棱镜　　　B. 石英棱镜　　　C. 卤化盐棱镜　　　D. 迈克尔逊干涉仪

4. 下列关于分子振动的红外活性的叙述中正确的是（　　）。

　　A. 凡极性分子的各种振动都是红外活性的，非极性分子的各种振动都不是红外活性的

　　B. 极性键的伸缩和变形振动都是红外活性的

　　C. 分子的偶极矩在振动时周期地变化，即为红外活性振动

　　D. 分子的偶极矩的大小在振动时周期地变化，必为红外活性振动，反之则不是

5. 以下四种气体不吸收红外光的是（　　）。

　　A. H_2O　　　　　B. CO_2　　　　　C. HCl　　　　　D. N_2

6. 对于红外光谱法，试样状态可以是（　　）。

　　A. 气体状态　　　　　　　　B. 固体状态

　　C. 固体、液体状态　　　　　D. 气体、液体、固体状态都可以（含羰基的）

7. 分子中增加羰基的极性会使分子中该键的红外吸收带（　　）。

　　A. 向高波数方向移动　　　　B. 向低波数方向移动

　　C. 不移动　　　　　　　　　D. 稍有振动

8. 一种能作为色散型红外光谱仪色散元件的材料为（　　）。

　　A. 玻璃　　　　　B. 石英　　　　　C. 卤化物晶体　　　D. 有机玻璃

9. 红外吸收光谱的产生是由于（　　）。

　　A. 分子外层电子、振动、转动能级的跃迁

　　B. 原子外层电子、振动、转动能级的跃迁

　　C. 分子振动-转动能级的跃迁

　　D. 分子外层电子的能级跃迁

10. 色散型红外分光光度计检测器多用（　　）。

　　A. 电子倍增器　　　　　　　B. 光电倍增管

　　C. 高真空热电偶　　　　　　D. 无线电线圈

项目六　苯甲酸的红外光谱测定（压片法）

任务二　红外光谱法测定苯甲酸仿真实验操作步骤

操作演示

红外光谱法仿真实验总览图如下图。

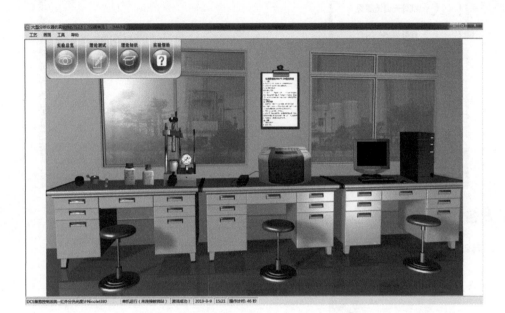

一、预习

单击左上角"实验总览" ，查看实验概况。

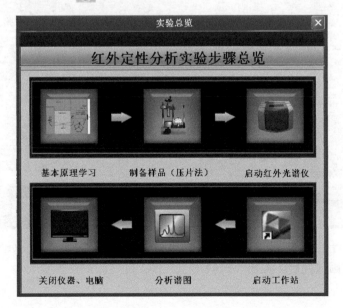

单击"理论知识"，学习红外光谱仪的理论知识。

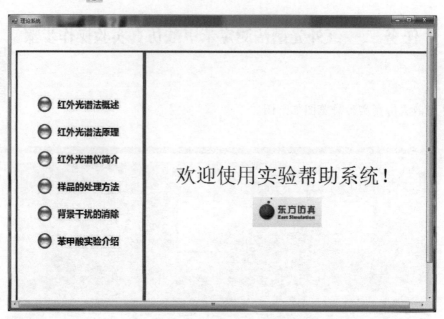

二、制备样品

1. 启动压片机

① 单击桌面上的压片机，进入压片界面。

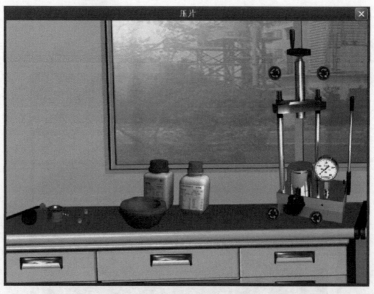

② 单击实验台左侧未组装的模具，播放研磨粉末、组装模具动画。（动画播完后视为模具组装完成。）动画播完后，关闭动画。

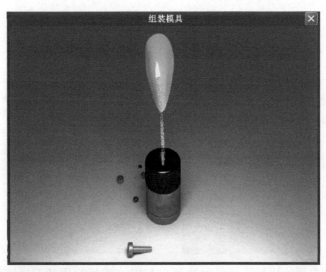

③ 单击实验台左侧组装好的模具,将其放进压片机。

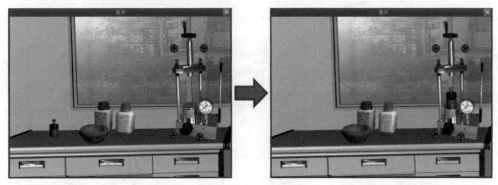

2. 制备样品压片

① 单击压片机上部"旋杆"右侧"顺时针" 按钮,使旋杆向下移,将模具固定在压片机上。(旋杆点两次即为压紧。)

② 单击压片机下部"放气阀"右侧"顺时针" 按钮,拧紧放气阀。(点六次即为拧紧,可观察放气阀上的小绿点变化。)

③ 单击压片机右侧加压杆,使压力达到 20MPa(按压加压杆五次即可)。10s 后,单击"放气阀"左侧"逆时针" 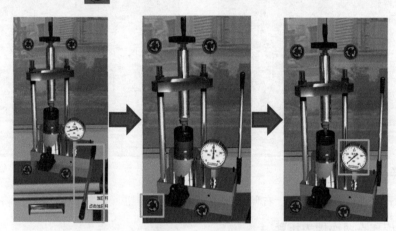 按钮放气,使压力降为 0MPa。

④ 单击"旋杆"左侧"逆时针"  按钮,使旋杆向上移。

⑤ 单击模具 ,拿出模具。(此处播放动画,演示拆卸模具拿出药片的过程,动画完成后视为药片已取出。) 动画播完后,关闭动画。

三、启动红外光谱仪

单击"关闭" ![X] 图标,关闭压片制备窗口。

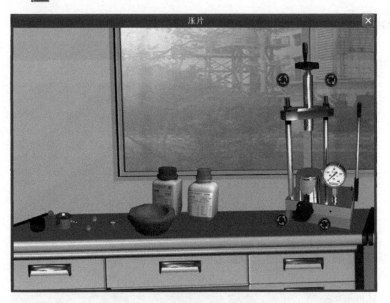

单击桌面上的红外光谱仪,进入红外光谱仪操作界面,单击左侧电源,打开红外光谱仪电源。

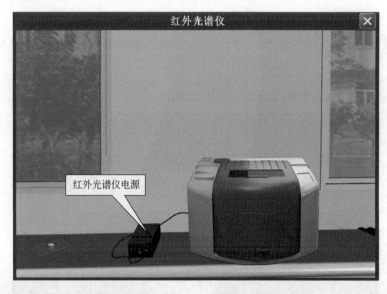

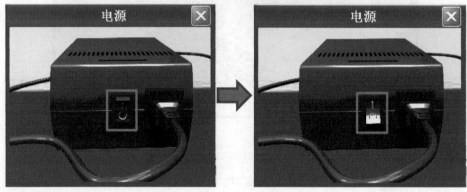

四、开启工作站

单击"关闭" ✕ 图标,关闭红外光谱仪界面。

进入主界面，单击电脑主机箱上的电源按钮，打开电脑。

单击桌面上"ezomnc32.exe"软件，进入工作站。

工作站界面如下：

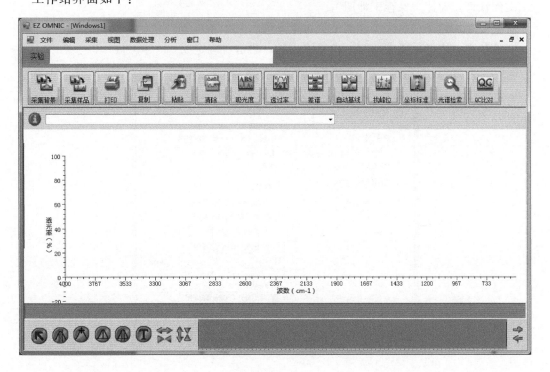

五、开始测定

1. 数据采集设置

① 在工作站主界面,单击"采集"中的"数据采集设置"设置,弹出以下窗口。

② 设置数据采集方法。

扫描次数:20;

分辨率:6;

光谱格式:透光率;

文件管理:勾选"保存干涉图";

背景管理:勾选"每次采样前采集背景光谱";

实验名称:按老师要求填写。设置完成后,单击"确定"。

2. 采集背景谱图

① 单击 [采集样品]，准备采集背景谱图。在弹出收集样品窗口（如下图），单击"确定"。

② 弹出确认窗口（如下图），单击"确定"。

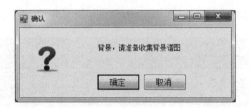

③ 系统开始采集背景谱图，如下图。

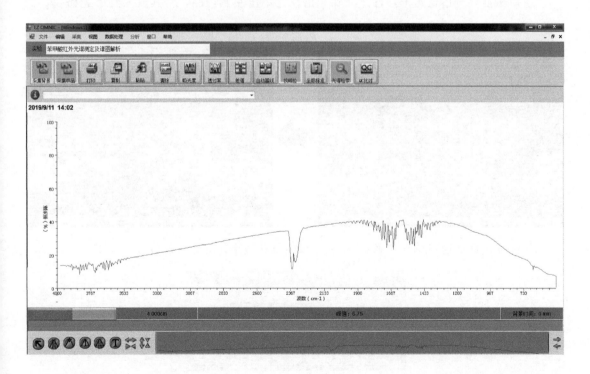

④ 背景谱图采集完成后，弹出如下确认窗口（样品，请准备收集样品光谱），将其最小化，不要关闭，回到主界面，进入红外光谱仪界面。

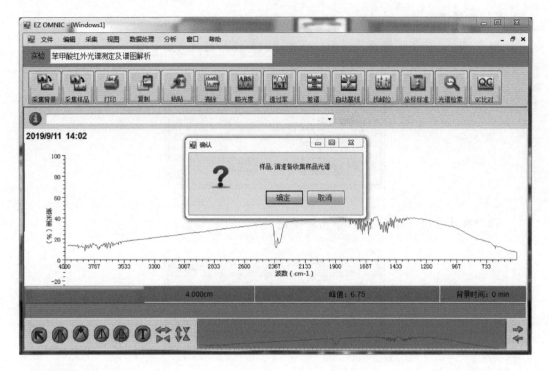

3. 装样品

① 单击红外光谱仪盖子,打开红外光谱仪。单击左侧药品,将其放入红外光谱仪,关上盖子。

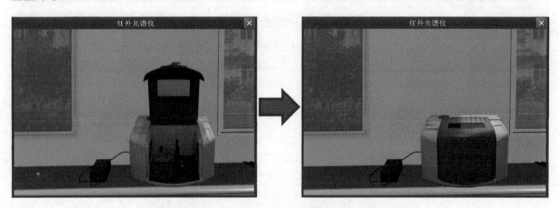

② 在弹出确认窗口单击"确定"(上一步中将其最小化的确认窗口)。

4. 采集样品谱图

① 系统开始采集样品光谱(左下角有一个绿色的滚动条,绿色条消失表示采集样品完成)。

项目六 苯甲酸的红外光谱测定（压片法）

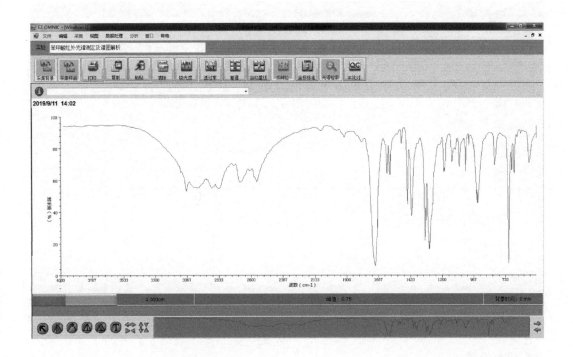

② 下图为已经完成的样品谱图。

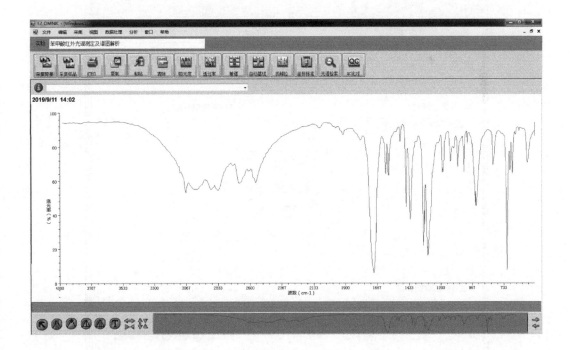

③ 单击 ，可查看峰位。

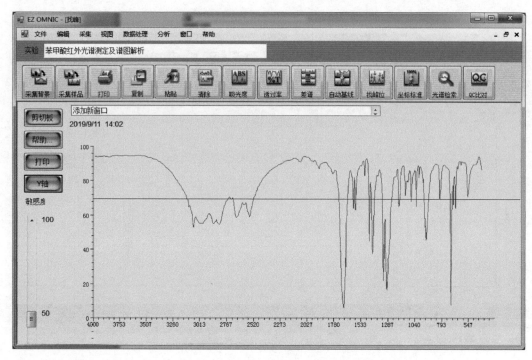

5. 谱库设置

① 单击"分析"菜单栏下"谱库设置",弹出如下"库安装"窗口,设置谱库。

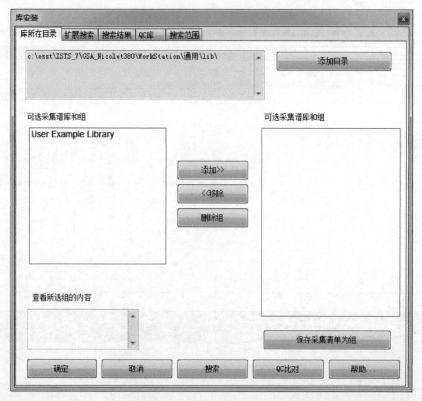

② 在"库安装"窗口,选中左侧"User Example Library",单击添加。单击"确定",完成谱库设置。

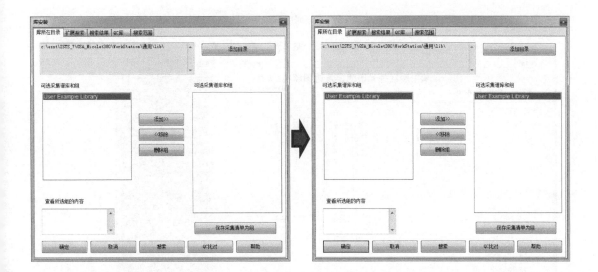

6. 光谱检索

单击 ![光谱检索], 弹出窗口, 自动开始谱图比对。

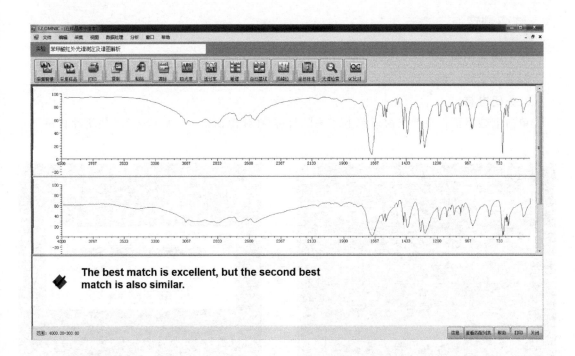

7. 查看报告

单击左上角"文件"菜单栏下"打印", 可查看或打印实验报告。

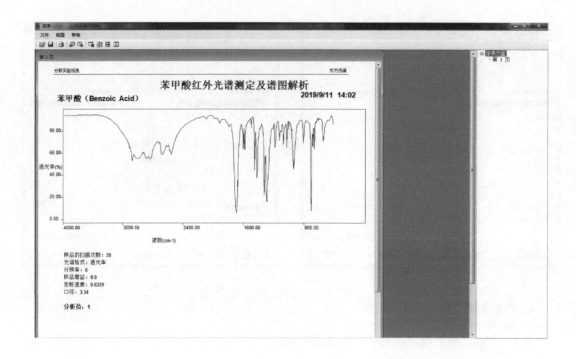

六、结束测定

1. 关闭工作站

测定完成后,单击右上角叉" ",关闭工作站。

2. 关闭电脑

单击电脑屏幕,在弹出窗口单击"关机",再在弹出窗口中点"确定",关闭计算机。

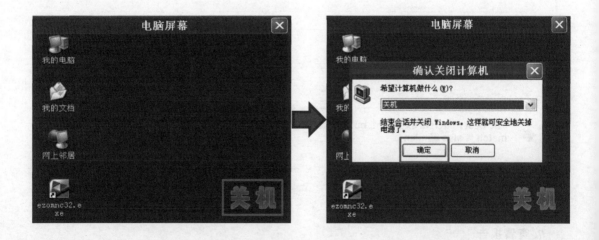

3. 关闭红外光谱仪

① 打开红外光谱仪盖子。

② 取出样品。在弹出的窗口选择"取出样品",将样品取出。

③ 待样品取出后,关闭红外光谱仪盖子(如下图)。

④ 关闭红外光谱仪电源。

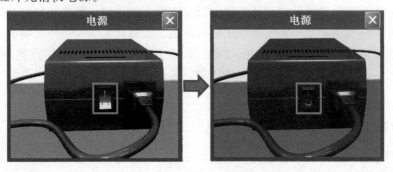

项目七

气质联用法测定农药中组分含量

任务一 气质联用法基本原理简介

气相色谱-质谱联用仪器,简称气质联用(GC-MS),是由气相色谱(GC)和质谱检测器(MS)两部分构成的。该技术利用气相色谱的分离能力让混合物中的组分分离,并用质谱鉴定分离出来的组分(定性分析)及其精确的量(定量分析),具有气相色谱的高分辨率和质谱的高灵敏度。被广泛应用于医药、环保等领域中复杂组分的分离与鉴定,是分析仪器中较早实现联用技术的仪器。

质谱法可以进行有效的定性分析,但质谱法只能对纯物质进行定性,然而大部分有机物均以混合物的形式存在。色谱法对有机化合物是一种有效的分离分析方法,特别适合于进行有机化合物的定量分析,但定性分析则比较困难。色谱有最佳的分离功能,质谱有定性能力强的特点,同时色谱和质谱的灵敏度都很高,最小检测量接近,分析样品也都必须化成蒸气状态,因而气质联用非常适宜,是进行复杂有机化合物定性、定量分析的高效方法。

气质联用与气相色谱法相比,主要具有以下优点:
① 其定性参数增加,定性可靠;
② 它是一种高灵敏度的通用型检测器;
③ 可同时对多种化合物进行测量而不受基质干扰;
④ 定量精度较高;
⑤ 日常维护方便。

气质联用在分析检测和研究的许多领域中起着越来越重要的作用,特别是在许多有机化合物的定性鉴定、结构分析、定量分析等方面得到较广的应用,如药物研究、生产、质控以及进出口的许多环节中都要用到气质联用分析方法,法庭对燃烧、爆炸现场的调查,对各种案件现场的残留物的检验,如纤维、呕吐物、血迹等的检验与鉴定,工业生产的许多领域,如石油、食品、化工等行业都离不开气质联用,甚至竞技体育运动中也用气质联用来进行兴奋剂的检测。

一、质谱分析法

质谱分析是将试样转变成快速运动的正离子后再进行分离和鉴定的一种分析方法。通过不同的离子按照物质的质量与电荷的比值（质荷比），在磁场或静电场或二者都存在下，其飞行速度的不同而达到分离的目的。分离后的离子通过检测器，记录或摄谱获得按质荷比顺序排列的图谱。根据质谱图可进行定性、定量分析。

1. 质谱分析过程

质谱分析要根据分析对象的不同，选择不同的进样系统，并进行离子化，然后利用质量分析器对不同质荷比的离子进行分离，最后进行检测，用记录仪进行质谱峰的记录，或用感光板进行照相摄谱。

2. 质谱仪

质谱仪的主要组成部件有：真空系统、进样系统、离子源、质量分析器、检测器。

（1）真空系统　质谱仪的离子产生及经过系统必须处于高真空状态。现代质谱仪多采用分子泵以获得更高的真空度。

（2）进样系统　若样品是气体样品或挥发性液体，进样系统是 1～5L 的样品贮存器，贮存器的压力比离子室中的压力要高 1～2 个数量级。

（3）离子源　离子源是样品分子的离子化场所，其作用是使试样中的原子、分子电离成离子。常用的离子源有电子轰击、离子轰击、化学电离等。

（4）质量分析器　质量分析器的作用是将离子室产生的离子，按照不同质荷比分开。质量分析器的种类较多，大约有 20 余种。常用的质量分析器有磁分析器和四极杆质量分析器。

（5）检测器　质谱仪检测器的作用是将这些强度非常小的离子流接收下来并放大，然后送到显示单元和计算机数据处理系统，得到所要分析的质谱图和数据。质谱计常用的检测器有法拉第杯（Faraday Cup）、电子倍增器、闪烁计数器和照相底片等，目前使用较多的是电子倍增器。

电子倍增器运用质量分析器出来的离子轰击电子倍增管的阴极表面，使其发射出二次电子，再用二次电子依次轰击一系列电极，使二次电子获得不断的倍增，最后由阳极接收电子流，使离子束信号得到放大。电子倍增器中电子通过的时间很短，利用电子倍增器可以实现高灵敏度、快速测定。

二、气质联用仪器的基本组成

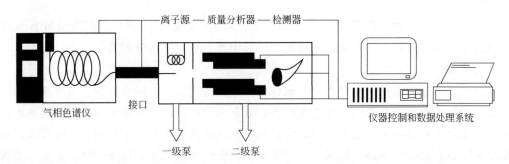

1. 接口

由气相色谱仪出来的样品通过接口进入到质谱仪，接口是气质联用系统的关键。

2. 接口作用

（1）压力匹配　质谱离子源的真空度在 10^{-3}Pa，而 GC 色谱柱接口的作用就是要使两者压力匹配。

（2）组分浓缩　从 GC 色谱柱流出的气体中有大量载气，接口的作用是排除载气，使被测物浓缩后进入离子源。

3. 常见接口技术

（1）分子分离器连接（主要用于填充柱）　扩散速率与物质分子量的平方成反比，与其分压成正比（即扩散型）。当色谱流出物经过分离器时，小分子的载气易从微孔中扩散出去，被真空泵抽除，而被测物分子量大，不易扩散则得到浓缩。

（2）直接连接法（主要用于毛细管柱）　在色谱柱和离子源之间用长约 50cm、内径 0.5mm 的不锈钢毛细管连接，色谱流出物经过毛细管全部进入离子源，这种接口技术样品利用率高。

（3）开口分流连接　该接口是放空一部分色谱流出物，让另一部分进入质谱仪，通过不断流入清洗氦气，将多余流出物带走。此法样品利用率低。

三、气质联用法的分析流程

气质联用仪的工作过程是高纯载气由高压钢瓶中流出，经减压阀降压到所需压力后，通过净化干燥管使载气净化，再经稳压阀和转子流量计后，以稳定的压力、恒定的速度流经汽化室与汽化的样品混合，将样品气体带入色谱柱中进行分离。分离后的各组分随着载气先后流入检测器（质谱仪），然后载气放空。检测器将物质的浓度或质量的变化转变为一定的电信号，经放大后在记录仪上记录下来，就得到色谱流出曲线。根据色谱流出曲线上得到的每个峰的保留时间，可以进行定性分析，根据峰面积或峰高的大小，可以进行定量分析。

质谱检测器采集数据有两种模式：SCAN（全扫描）和 SIM（选择离子监测），其中 SCAN 连续扫描采集选定质荷比范围内所有离子的信号，可以获得化合物的质谱图，通过自动检索能够得到化合物的结构，常用于定性分析，峰形及灵敏度稍差，而 SIM 只监测采集某几个所选的特征离子的信号，灵敏度高，峰形好，主要用于定量分析。

四、定量分析方法

1. 归一法

由气质联用仪得到的总离子色谱图或质量色谱图，其色谱峰面积与相应组分含量成正比，可对某一组分进行相对定量。仅适用于试样中所有组分全出峰的情况。

2. 外标法

配制一组合适浓度的标准样品，在最佳条件下进行测定，绘制峰面积（或峰高）与其对应浓度 c 的标准曲线。在相同的测定条件下，测定未知样品，从标准曲线上用内插法求出未知样品中被测元素的浓度。此方法准确性较高，操作条件变化对结果准确性影响较大，对进样量的准确性控制要求较高，适用于大批量试样的快速分析，是应用最广泛的方法。本次仿真实验选用外标法。

3. 内标法

内标法是在样品中添加内标物，通过组分与内标物的峰面积比，对组分进行定量分析。该方法准确性较高，操作条件和进样量变化对定量结果的影响不大。内标法的缺点是不适合大批量试样的快速分析，内标物选择困难。

五、岛津 GCMS-QP2010 气质联用仪简介

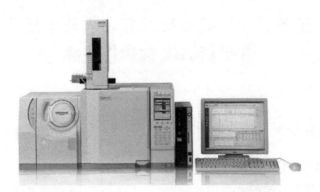

① 全新设计的离子源屏蔽了灯丝电位和辐射热的影响，实现了离子的高效传输，同时使离子源盒的温度更加均匀。

② 大容量双入口型涡轮分子泵提供离子源和质量分析器分别独立的差动系统，真空抽速大于 360L/s，达到更高的真空度。

③ FASST 法使 GCMS-QP2010 Plus 通过快速切换 Scan 测定和 SIM 测定采集数据，可同时获得扫描法和 SIM 法的色谱图。

④ GCMS-QP2010 Plus 采用高度的数字控制技术，实现最高扫描速度达 10000amu/s 的扫描采集速度，即使是尖锐的色谱图也能进行稳定的数据采集，不会发生质谱图的变形、离子强度的下降。

⑤ 采用高精度的金属钼四级杆型质量分析器，发挥出最理想的质量分析器性能。通过预置杆将离子污染造成的影响降到最小程度，实现了仪器的长期稳定性。

⑥ GCMS-QP2010 Plus 为应对更广泛的化合物分析，将质量范围扩展到 $1090m/z$，适合高质量范围的测定（如测定多溴联苯醚）。

⑦ 采用 AART（Automatic Adjustment of Retention Time）功能，从保留指数与正构烷烃实测值对化合物的保留时间进行校正，不必担心切短色谱柱或使用批号不同的色谱柱所带来的保留时间的变化。

⑧ GCMS-QP2010 Plus 拥有独特的直接进样法（DI），使样品不经气相色谱而直接导入质谱的离子源进行离子化，无需移开气相色谱仪就可以轻松获得化合物的质谱图。DI 进样方式非常适合分析不能汽化的液体、固体或热不稳定的样品。

⑨ Compound Composer 软件集合了近千种有害化学物质的保留时间、质谱图、工作曲线，使用户在针对环境保护、食品安全的日常检测及突发事件的应对上拥有强有力的助手。

⑩ 丰富的 Method Packahe 方法包含了数据库在内的全套解决方案，满足用户对多成分样品同时定性和定量分析的要求。

⑪ 顶空进样器控制软件、AOC-5000 控制软件、EPA 软件等诸多选配软件使 GCMS-QP2010 Plus 具有更丰富的扩展性，全面应对不同分析要求。

⑫ 岛津公司将 GPC 与 GCMS-QP2010 Plus 联用构成了食品中农药残留分析装置 Prep-Q。此装置进一步实现了分析自动化，可一次完成多种成分同时分析，对农药具有更高的回收率、灵敏度和重现性，适合大批量农残检测。同时使用微型柱，减少了仪器使用中溶剂的消耗等成本，减少环境污染。

任务二　气质联用法测定农药中组分含量仿真实验操作步骤

一、实验准备

操作演示

1. 启动仿真区域

① 单击"开始实验"。

② 单击仿真操作区的玻璃仪器区域（进行样品配制）。

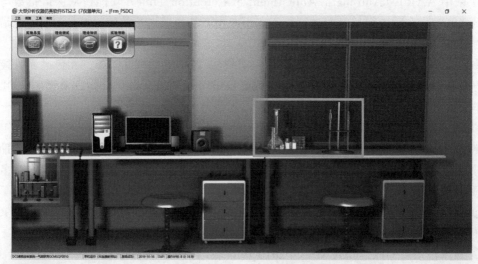

2. 配制样品

① 弹出标样稀释界面。

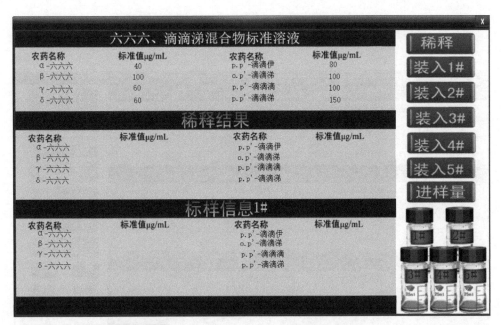

② 单击"稀释" 稀释 ，输入稀释倍数 50，回车确认。

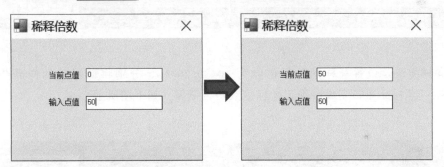

③ 稀释结果部分显示出稀释后的样品浓度。

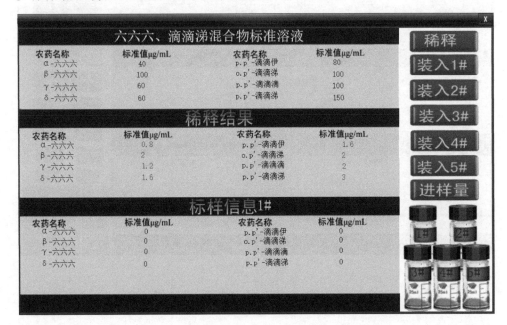

④ 单击"装入1#" 装入1# ，将稀释后的样品装入1#样品瓶。

⑤ 同样方法，设置标样的稀释倍数为40/30/20/10，分别将稀释后的样品装入2#、3#、4#、5#样品瓶；完成后确定稀释倍数是否正确（如下图所示）。

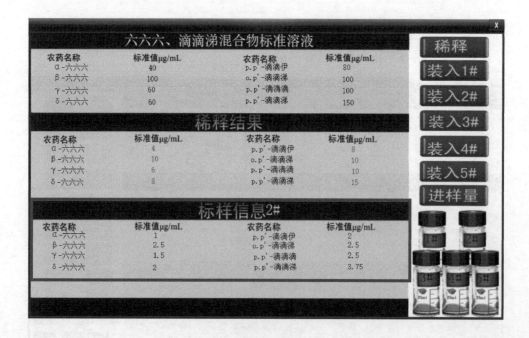

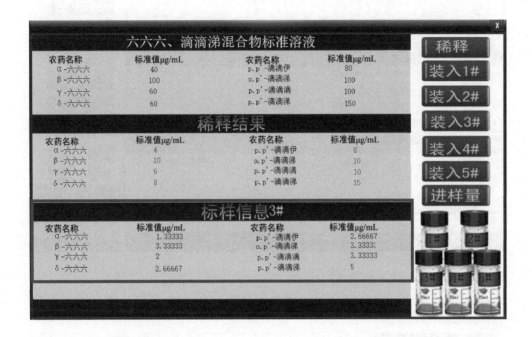

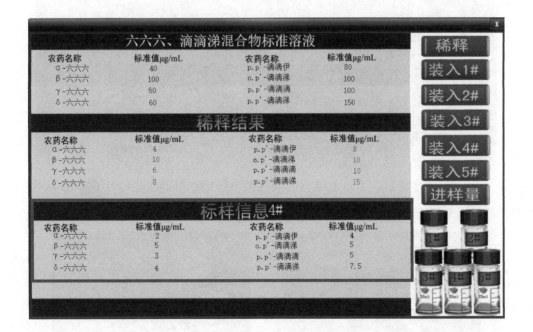

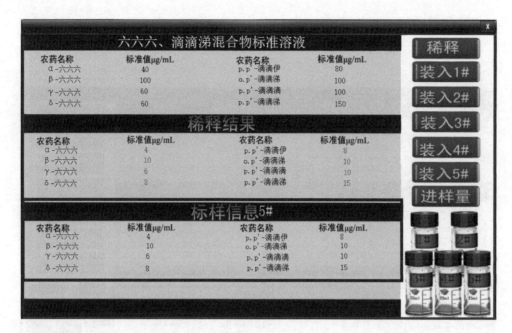

二、启动仪器

① 单击场景中氦气钢瓶位置。

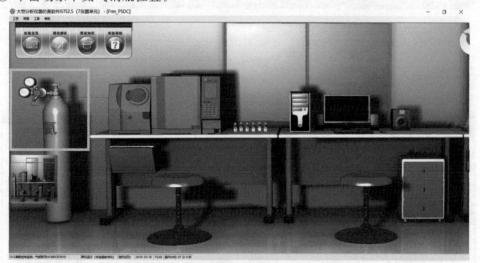

② 弹出载气操作场景，单击根部阀的阀门调节图标，根部阀逆时针 ◉ 为开，单击载气输出阀门调节图标，注意载气输出阀门顺时针 ◉ 为开，调节输出压力为 500kPa 左右。

③ 单击场景中质谱仪,弹出质谱仪电源开关,单击开关,打开质谱仪电源。

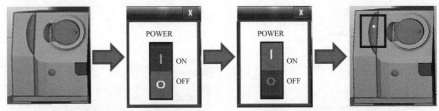

④ 单击场景中色谱仪开关,打开色谱仪电源(场景中液晶屏变亮)。

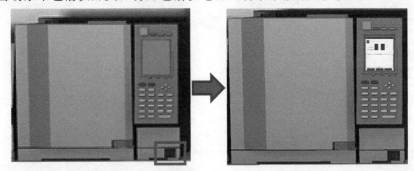

⑤ 单击场景中电脑主机电源,启动电脑。

三、运行工作站软件

1. 启动工作站软件

单击场景中电脑屏幕上工作站图标 ,启动工作站软件。

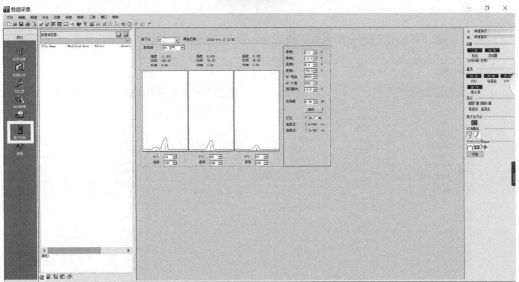

2. 启动真空控制

单击"真空控制" 图标，在弹出窗口中单击"自动启动" 按钮，提示启动完毕后关闭该窗口。

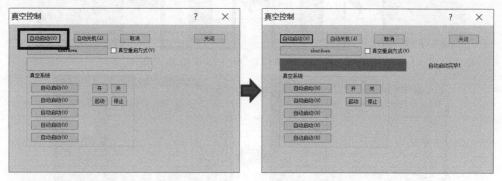

3. 保存调谐文件

① 单击左侧"调谐"图标 ，弹出以下窗口。

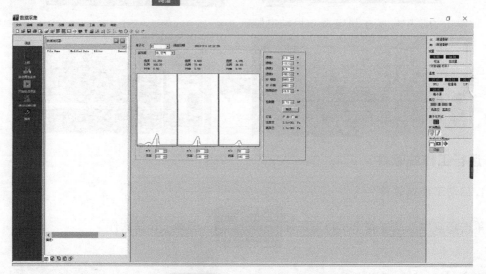

② 然后单击"开始自动调谐" 图标，弹出自动调谐窗口，提示完毕后关闭该窗口。

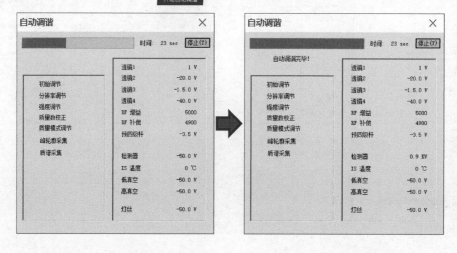

③ 单击"文件"菜单,选择"另存调谐文件",命名调谐文件并保存到电脑上(如 TX)。

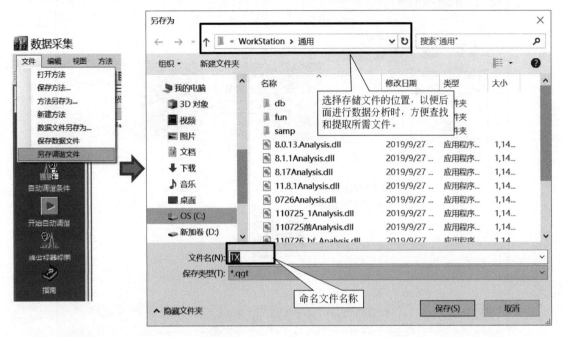

4. 指南设置

① 单击工作站左侧"上部" 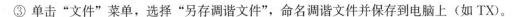 图标,单击"数据采集" 按钮,进入数据采集方法设置功能模块。

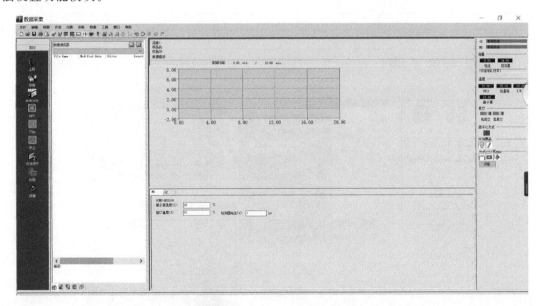

② 单击工作站左侧"指南" 按钮,进行数据采集方法的设置:进样方式选择"不分流",载气控制方式选择"压力",进样时间设置为 1min。

③ 单击"下一步",设置进样口压力为 100kPa,进样口温度设置为 265℃,柱温箱温度为 80℃,升温程序见表 7-1。

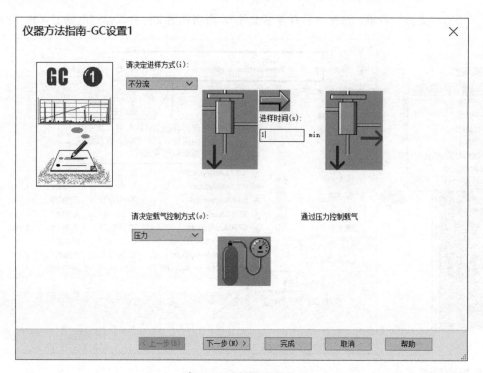

表 7-1 进样升温程序

升温速率/(℃·min^{-1})	最终温度/℃	保持时间/min
—	80	2
25	200	5
5	250	3
20	290	3

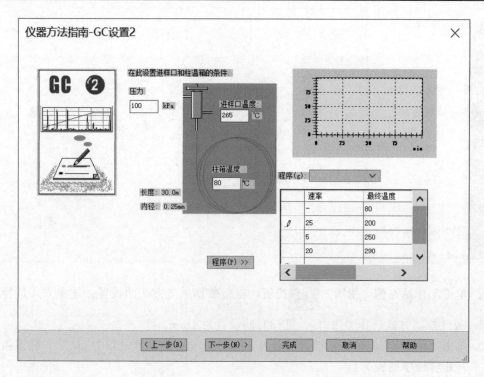

④ 单击"下一步",设置检测器电压为 1.2kV,接口温度为 250℃;采集模式选择"扫描"。

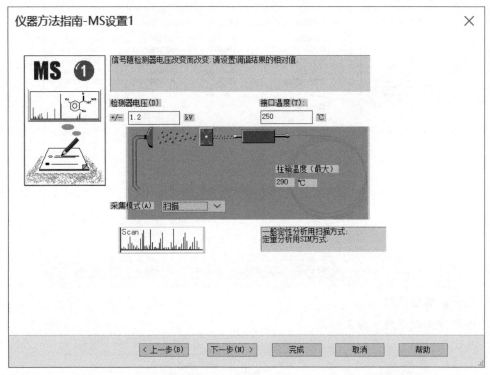

⑤ 单击"下一步",采集时间设置为 3min 到 25min,采集 m/z 设置为 40 到 450,单击"下一步"。

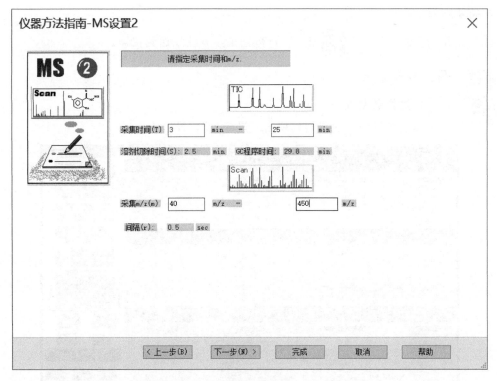

⑥ 查看设置的参数,确认无误后,单击"完成"。

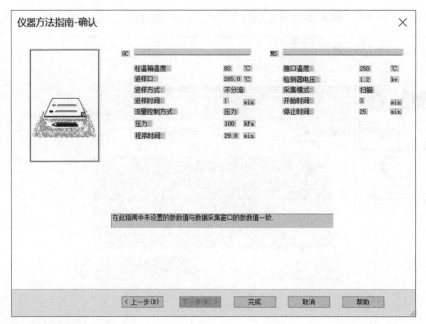

5. 离子源温度设置

在窗口中部设置离子源温度。

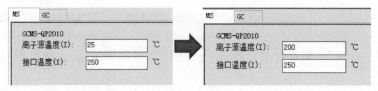

6. 待机设置

单击工作站左侧"待机" 图标，将数据采集方法发送到仪器。

四、进样分析

1. 进样量设置

单击场景中玻璃仪器，单击"进样量"，设置为 $5\mu L$。

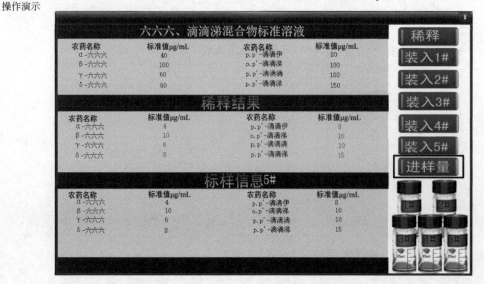

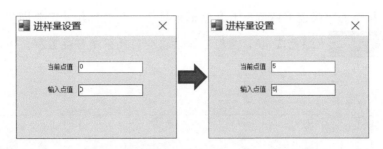

2. 样品注册

① 单击工作站左侧"样品注册" ![图标] 图标，设置进样分析信息。根据所测样品，填写参比标样信息：样品名、样品ID等信息（如 YP-CS），设置谱图文件（即数据文件）保存路径；选择调谐文件，完毕后单击"确定"。

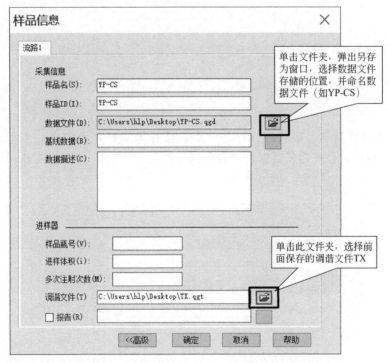

② 单击实验桌上5#标样，进行进样分析，大场景中安瓿瓶（从左到右依次为1#、2#、3#、4#、5#、未知样），仪器开始进样，根据进样动画。

③ 在针头拔出的时候按下色谱仪上开始记录按钮（此处操作一定要同步，否则会影响图谱分析）：（绿色按钮），之后工作站将会自动采集样品数据。下图为参比标样图谱。

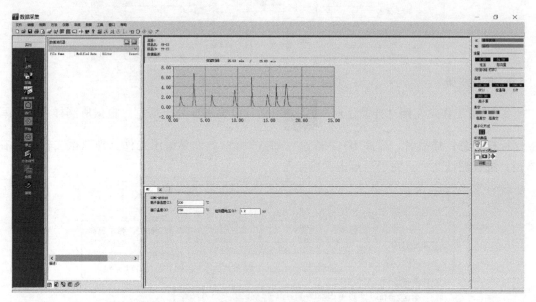

④ 5#标样分析完毕，重新进行样品注册，选择未知样，设置样名和样品 ID 均为"WZ"，并选择数据文件保存位置以及设置数据文件名为"WZ"。（操作方法同上。）

3. 采集样品谱图

① 未知样图谱如下。

项目七　气质联用法测定农药中组分含量

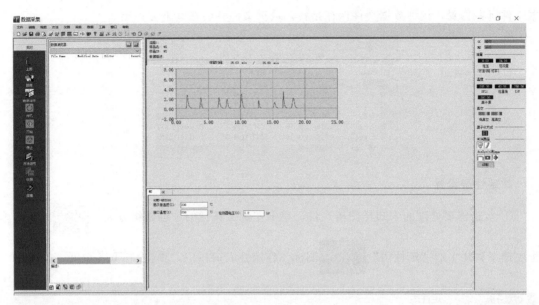

② 数据采集完毕后，根据参比标样和未知样图谱，调整分析方法，重新进行样品注册，之后进未知样分析，直到样品中物质能够尽可能的分离开，然后用同样的方法对1#、2#、3#、4#、5#样进行分析，获取1#、2#、3#、4#、5#样谱图，程序将会自动将所获得的数据文件按照样品注册时设置的路径进行保存。

五、数据处理

1. 数据分析

① 单击工作站左侧"上部" 图标，然后再单击"数据分析" 按钮，开始进行数据分析。

操作演示

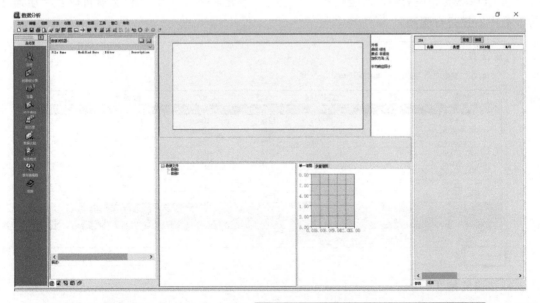

② 单击数据浏览器右上角文件夹图标 数据浏览器 ，选择数

据文件所在位置，找到数据文件保存路径，数据文件将会在其下方列出。

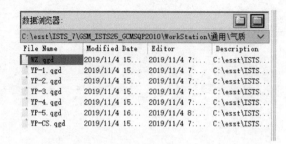

2. 定性表设置

① 双击需要处理的未知样图谱文件，单击左侧工具栏的"创建组分表" 图标；单击左侧工具栏中的"定性表" 图标。在定性表窗口中，单击"TIC"选项卡。

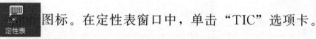

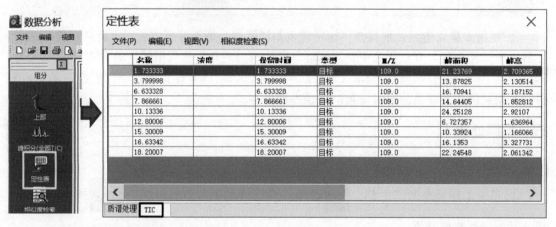

② 选中需要处理的峰，右键选择"登记到质谱处理表"，如果选错物质可以在"质谱处理"表中右键进行删除。

3. 相似度检索

① 在色谱图上单击对应的色谱峰，对应下方将显示出该物质的质谱图。

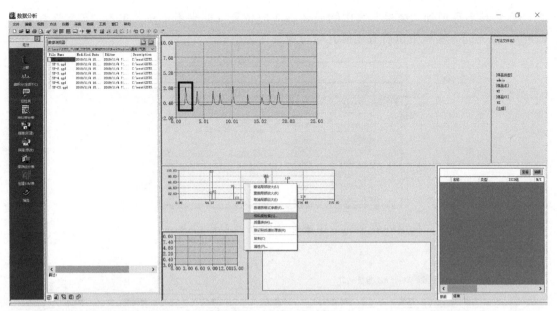

② 在相应物质的质谱图上，右键选择"相似度检索"，检索出组分名称。

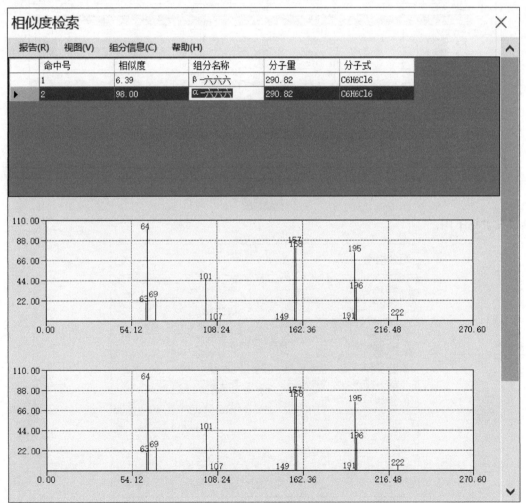

③ 将该名称填到"结果"表中物质名称对应位置（如果不可写，单击"编辑"按钮后即可）。按相同方法检索出所有物质并填写到数据表中。

④ 填写完毕后，在定性表选项卡中删除杂质项（未知物 A）。

5. 指南新建

单击左侧工具栏的"指南（新建）" 图标，填写分析方法参数，建立组分表，参数设置见下图。

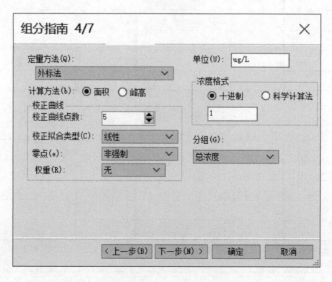

6. 保存组分表

① 单击左侧工具栏"保存组分表" ，将获得的组分信息保存下来（注意在弹出的窗口选择好保存文件的位置，文件名为"组分表"）。

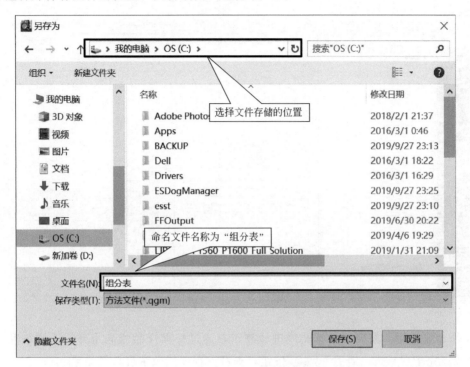

② 在"数据浏览器"中选择方法文件选项卡 ；双击打开新建的方法文件（组分表）。

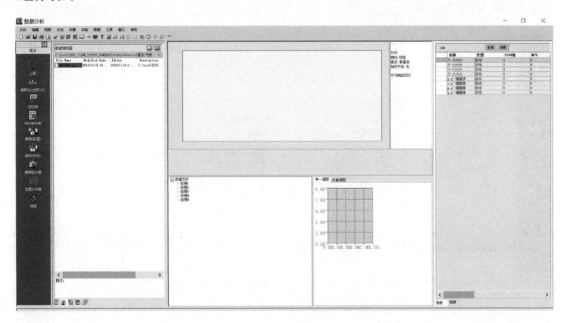

操作演示

7. 绘制标准曲线

① 在每个级别中添加标样数据文件,并在参数表中输入对应浓度(浓度值参看标样信息)。

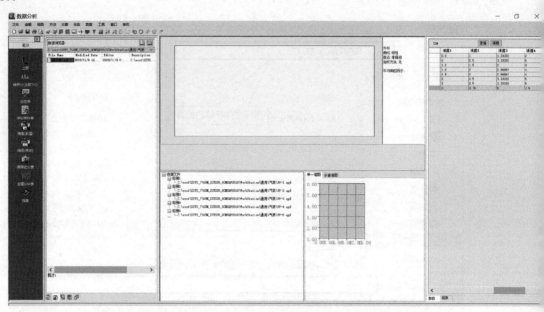

② 添加完毕后,需要对数据曲线进行校正,通过标准样品相同组分的不同浓度来校准标准曲线;完毕后单击"查看" 查看 按钮,查看方程曲线及浓度计算结果。

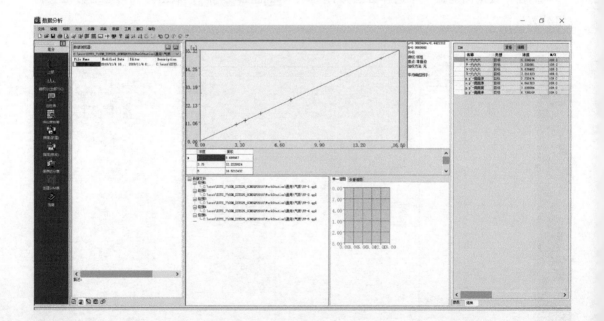

8. 定量设置

① 单击左侧工具栏"上部" 及"定量" 按钮，回到打开未知样文件界面。

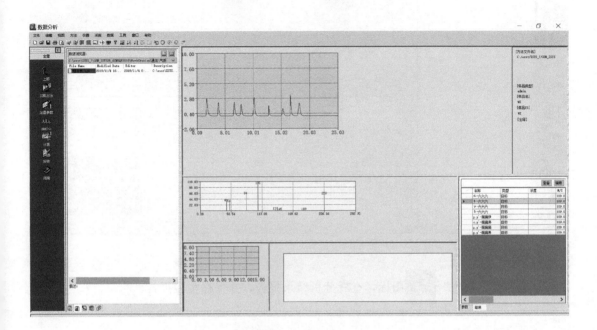

② 单击左侧工具栏"峰积分" ，调出"定量参数"窗口。

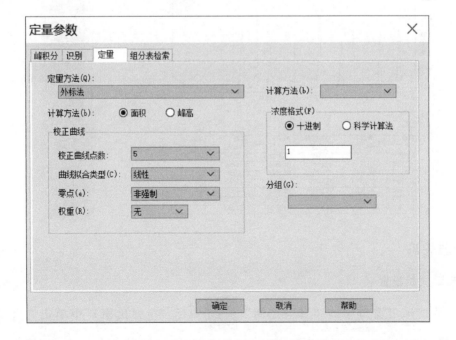

③ 单击"确定"后程序自动计算结果，单击"查看" 查看 ，得到浓度值。

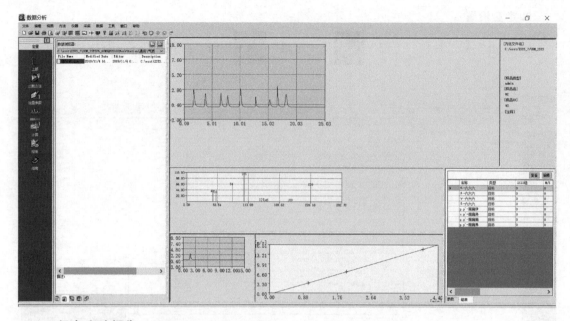

9. 保存实验报告

单击左侧"报告" 图标，查看分析结果报告，并保存实验报告。

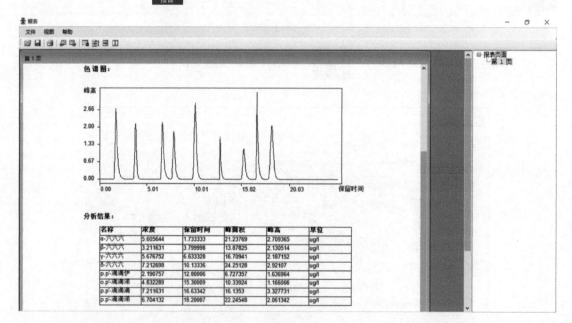

六、降温关机

1. 自动关机设置

单击数据采集窗口中的"真空控制" 图标，在弹出窗口中单击"自动关机" 自动关机(d)，提示关机完成后，关闭工作站软件计算出物质浓度。

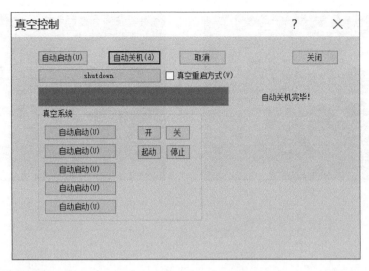

2. 设置工作站降温方法

（1）设置方法同前，单击工作站左侧"指南" ![指南] 按钮，进行数据采集方法的设置。具体操作步骤可参见本项目前面的"三、运行工作站软件"4、5、6 的相关内容。

（2）设置参数要求：将色谱柱、离子源、进样口温度设置为 50℃，使仪器温度降下来，所有温度不高于 50℃，才能进行关机操作。

3. 按顺序关机

① 单击场景中色谱仪开关，关闭色谱仪电源（场景中液晶屏变暗）。

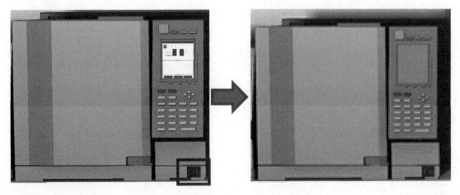

② 依次关闭仪器质谱仪电源。

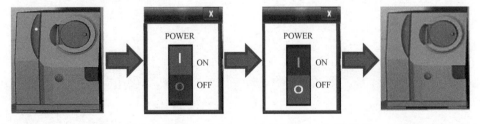

③ 关闭载气（先关根部阀，再关送出阀），然后关闭工作站软件，关闭电脑电源，实验结束。

项目八

液质联用法测定水中全氟化合物含量

任务一 液质联用法基本原理简介

全氟化合物（PFCs）是一种新型的持久性有机污染物，近年来这类化合物已在全世界范围内的各类环境介质和生物体内被检出，其具有的多种毒性效应已对生态系统和人类造成了一定的威胁，因此有必要对其环境行为进行研究。美国环保局将全氟化合物列入了2016年底颁布的第四批污染物候选名单中，被列在这个名单中意味着该污染物已经在被重点研究，并且有可能会被列入新的法规和标准中。针对两种最常见的全氟化合物，全氟辛酸（PFOA）和全氟辛烷磺酸（PFOS），美国环保局颁布了 70 ng/L 的饮用水健康建议标准。加拿大卫生部也颁布了相关饮用水指南，其中全氟辛酸的最高容许浓度为 0.2 μg/L，全氟辛烷磺酸的最高容许浓度为 0.6 μg/L。可以预见，随着人们对于饮用水健康安全的要求越来越高，以及对全氟化合物研究的愈发深入，该物质可能会被纳入越来越多的饮用水相关法规和标准。

目前利用液相色谱-质谱联用方法（HPLC-MS）对水样中的 PFCs 进行分析检测，是一种快速、准确、灵敏的方法。

HPLC-MS 联用方法在化工、药物、临床医学、分子生物学等许多领域中获得广泛的应用，如对大量有机合成中间体、药物代谢物、基因工程产品等的分析，为生产和科研提供了许多有价值的数据，解决了许多在此之前难以解决的问题。

HPLC-MS 联用的接口是此技术重要的部件，常用的接口有移动带技术（MB）、热喷雾接口、粒子束接口（PB）、快原子轰击（FAB）、电喷雾接口（ESI）等。其中，电喷雾接口的应用极为广泛，它可用于小分子药物及其各种体液内代谢产物的测定，农药及化工产品的中间体和杂质的鉴定，大分子蛋白质和肽类分子量的测定，氨基酸测序及结构研究以及分子生物学等许多重要的研究和生产领域。

任务二　液质联用法测定水中全氟化合物含量仿真实验操作步骤

液质联用仿真实验总览图如下。

操作演示

一、实验准备

1. 实验总览

单击"实验总览" ，弹出以下窗口。

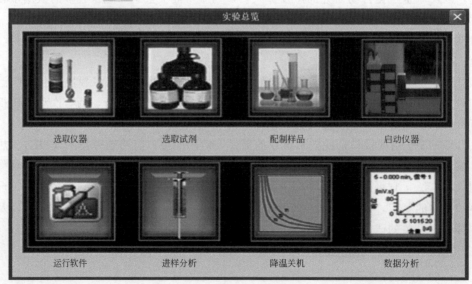

2. 仪器选取

单击"选取仪器" 图标：选择所需仪器及数量（25mL 安瓿瓶 12 个、20mL 移液枪 6 支）。

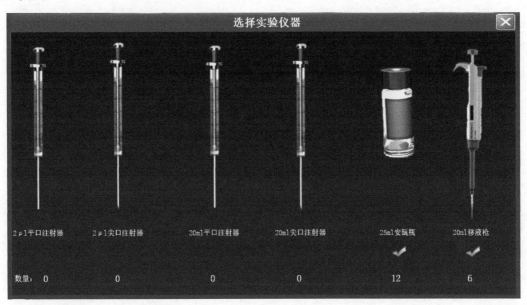

3. 试剂选取

单击"选取试剂" 图标，选择所需药品（全氟庚酸标准品、全氟辛酸标准品、全氟辛烷磺酸标准品、全氟壬酸标准品、全氟癸酸标准品、100%甲醇、5mmol/L 醋酸铵水溶液、乙腈）。

二、配制标准样品

单击"配制样品" 图标,或者 弹出以下配制样品界面。

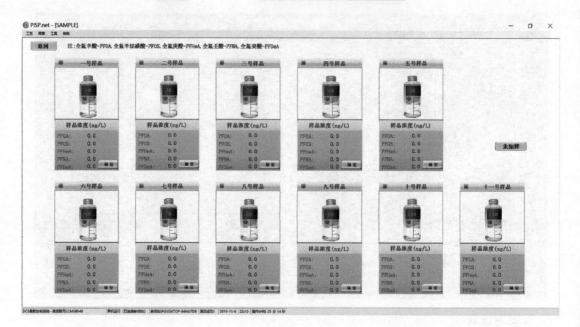

按表 8-1 进行标准样品的配制(具体浓度以老师要求提示为准)。

表 8-1 配制样品的浓度 单位:ng/L

样品		全氟辛酸 (PFOA)	全氟辛烷磺酸 (PFOS)	全氟庚酸 (PFHeA)	全氟壬酸 (PFNA)	全氟癸酸 (PFDeA)
单标	一号	10	0	0	0	0
	二号	0	10	0	0	0
	三号	0	0	10	0	0
	四号	0	0	0	10	0
	五号	0	0	0	0	10
混标	六号	4	4	4	4	4
	七号	6	6	6	6	6
	八号	8	8	8	8	8
	九号	10	10	10	10	10
	十号	12	12	12	12	12
	十一号	14	14	14	14	14

具体操作如下。

① 先单击一号样品下全氟辛酸(PFOA)的样品浓度,弹出全氟辛酸(PFOA)浓度配制对话框如下图。

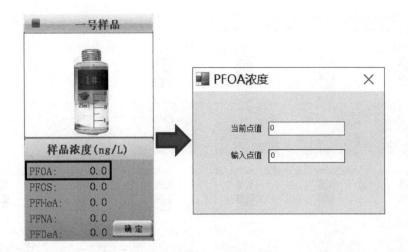

② 在弹出的对话框中进行参数设置：输入点值中输入"10"，按 Enter 键确认。其他各样品的样品浓度见表 8-1，用相同的方法进行配制。

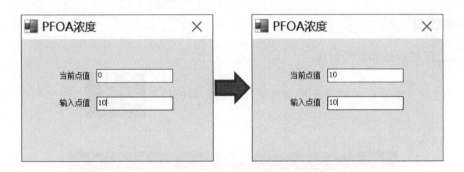

③ 样品浓度配制完成后，检查各样品的浓度参数设置情况，准确无误后，盖上瓶盖。以一号样品为例，单击右下角"确定"，即可盖上瓶盖（如下图）。

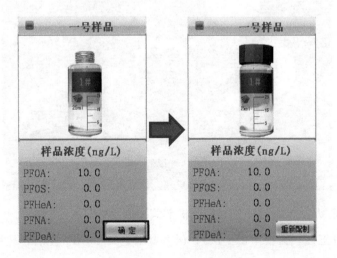

二、三、四、五、六、七、八、九、十、十一号样品配制方法同上，配制完成后如下图。

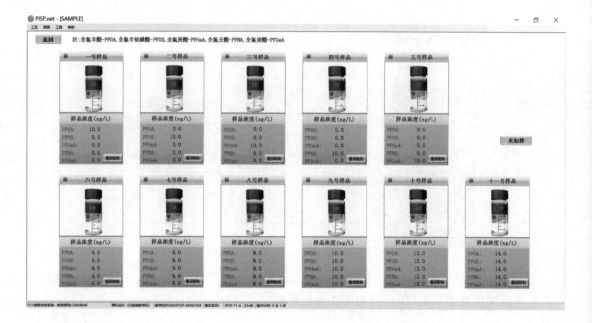

三、启动仪器

1. 开启氮气钢瓶和氩气钢瓶

① 单击仿真主操作区域的干燥气（氮气）钢瓶阀门位置，弹出氮气压力操作场景（如下图）。

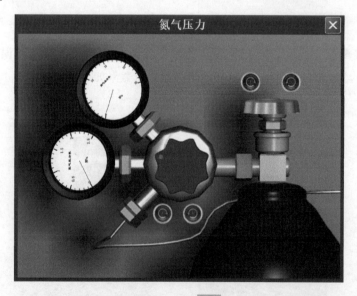

② 调节氮气压力：首先打开氮气钢瓶根部阀（根部阀逆时针为开，单击右边图标，系统设计为每次开五度，需要单击十次），压力要求达到10MPa左右；然后打开氮气钢瓶第二道阀（注意输出阀门顺时针为开，单击左边图标，系统设计为每次开五度，需要单击十次），将载气输出压力调节到合适压力（参考压力：0.69～0.8MPa）。

③ 以同样方法打开 CID 气（氩气）钢瓶，单击氩气钢瓶阀门位置 ，弹出以下对话框，使输出压力达到 0.5MPa 左右。

2. 开启液质联用设备和电脑

① 打开左右设备电源开关（控制器、进样器、检测器、柱温箱、泵 A、泵 B，LCMS-8040）。

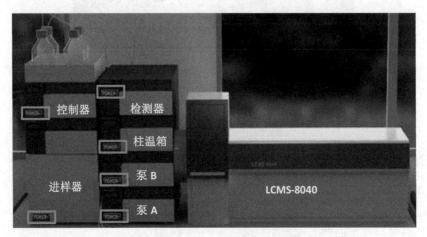

② LCMS-8040 电源在仪器背面，单击仪器，弹出以下窗口。

③ 单击场景中电脑主机电源。

3. 运行工作站软件

① 单击电脑桌面，弹出以下窗口，单击桌面上的 图标。

② 弹出以下登录窗口后，单击"确定" 确定 按钮，进入"LabSolution 主项目"窗口。

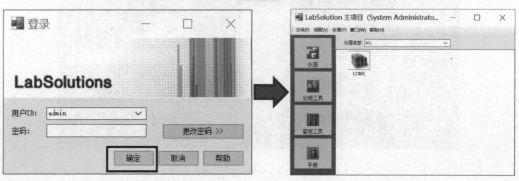

③ 双击仪器"LCMS" 图标，启动实时分析程序（不要关闭"LabSolution 主项目"窗口，后面还需用到），弹出以下分析窗口。

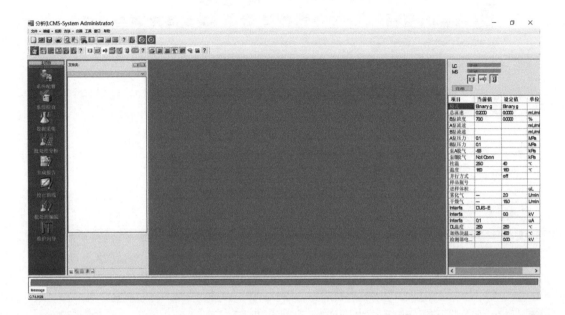

四、分析操作（凡是有输入数据的地方都要按回车键）

1. 创建方法文件

① 单击左侧"数据采集"  图标，进入数据采集程序。

操作演示

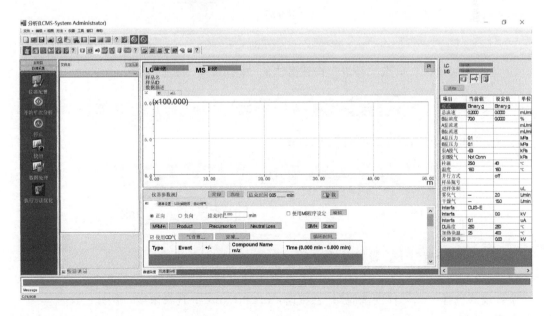

② 单击工具栏上"新建" 图标。

③ 选择高级模式：单击以下界面中"高级" 高级 按钮。

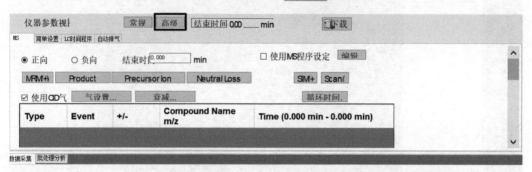

④ 在高级模式下，单击" 自动进样器 "标签下的"检测样品架" 检测样品架 图标。

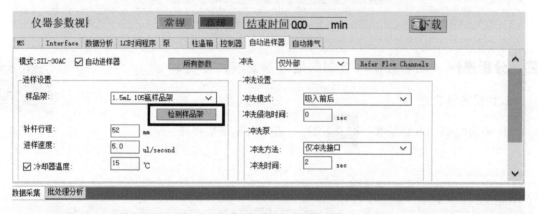

⑤ 选择常规模式：单击"高级"按钮旁边的" 常规 "按钮。

⑥ 在"MS"下，设置结束时间为12min。

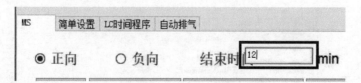

⑦ 在"简单设置"下，设置参数如下。
LC结束时间：0.5min，单击"应用到所有采集时间"。
泵：模式选择"二元梯度洗脱"；总流速：0.2mL/min；B泵浓度：70%。
温度：40℃。

项目八 液质联用法测定水中全氟化合物含量

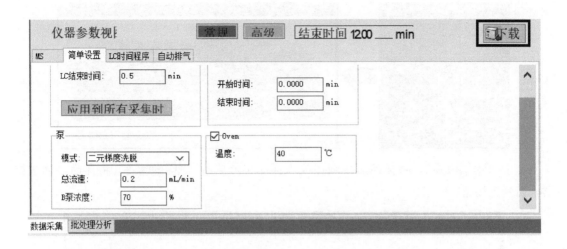

⑧ 单击 " 下载 " 图标，将方法下载到仪器。
⑨ 单击 "文件" 菜单，选择 "方法文件另存为" 保存方法。

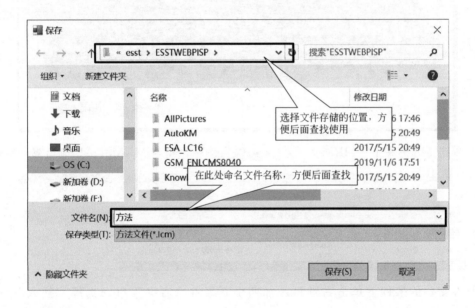

2. 装置控制

① 单击仪器工具栏上 "仪器启动" 图标。
② 单击 "仪器开启" 图标，仪器启动，观察仪器监视器，确认仪器正常。
③ 单击 MS 真空规和 MS 检测器开启图标。

3. 方法优化

① 将配制好的所有样品按顺序放入自动进样器，具体操作如下。
单击场景中进样器，将取出样品架。

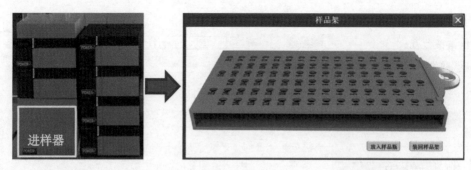

单击"放入样品瓶",将样品瓶按顺序放入样品架,单击"装回样品架",将样品装回进样器,回到主场景。

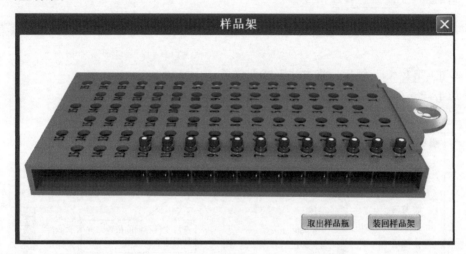

② 单击 MS 标签下"MRM(+)" MRM(+) 图标,新建 MRM(多反应监测)事件。

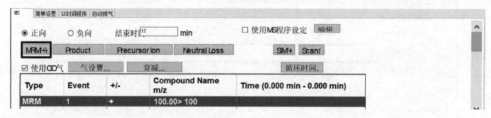

③ 在新建的事件上单击右键再添加四个新事件(右键菜单→选择"插入"→选择MRM)。

Type	Event	+/-	Compound Name m/z	Time (0.000 min - 0.000 min)
MRM	2	+	100.00> 100	
MRM	3	+	100.00> 100	
MRM	4	+	100.00> 100	
MRM	5	+	100.00> 100	

④ 设置每个事件的采集时间及参数。
a. 选中第一个事件,设置采集时间设置为"0-0.5min"。

采集时间: 0 - 0.5 min

b. 设置"化合物名称"为 PFOA,设置通道 1 的前体离子 m/z 为 413。

项目八　液质联用法测定水中全氟化合物含量

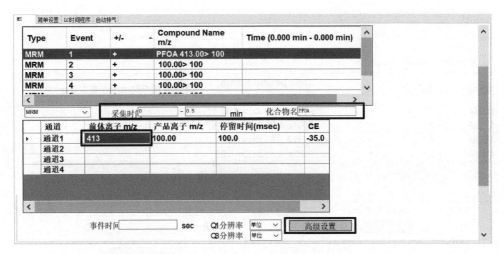

c. 单击右下角的 高级设置 图标，弹出以下"高级设置"窗口。

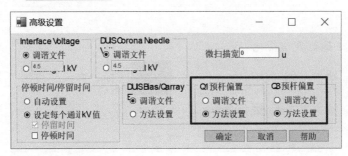

d. 设置为 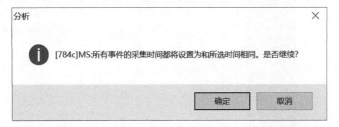，其他默认，单击确定。在第一个事件上右键菜单选择"设置相同采集时间"，弹出以下对话框，单击"确定"。

e. 重复以上步骤，设置其他四个事件的相关参数，化合物名称和质荷比（m/z）见表 8-2。

表 8-2　化合物名称和质荷比

序号	化合物名称	质荷比
事件一	全氟辛酸(PFOA)	413
事件二	全氟辛烷磺酸(PFOS)	499
事件三	全氟庚酸(PFHeA)	363
事件四	全氟壬酸(PFNA)	463
事件五	全氟癸酸(PFDeA)	513

f. 设置完相关参数后，仪器参数视图如下。

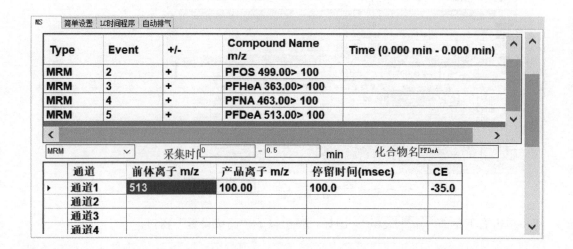

⑤ 执行方法优化

操作演示

a. 单击左侧"执行方法优化" 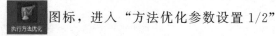 图标，进入"方法优化参数设置1/2"界面，选择 ◉ 寻找产物离子并优化MRM。

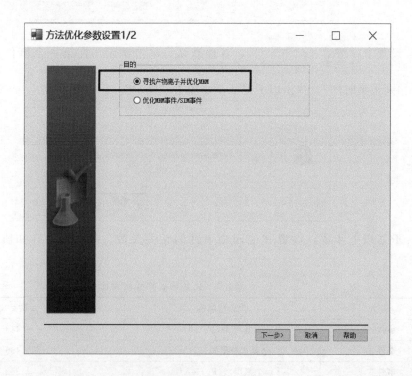

b. 单击下一步，进入"方法优化参数设置2/2"界面，设置 MRM 优化条件。设置进样瓶位置号（Vial#）为1、2、3、4、5。

项目八 液质联用法测定水中全氟化合物含量

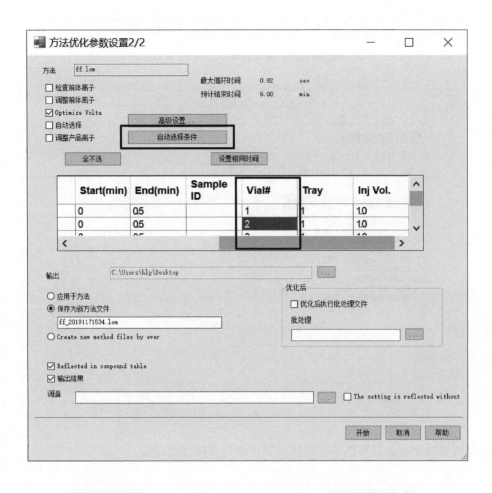

c. 单击"自动选择条件"设置产物离子 m/z 自动选择条件,弹出以下"自动选择条件设置"窗口。确认"按峰强度顺序选择"数值为1,单击"确定"。

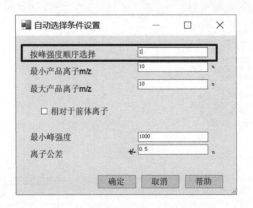

d. 在"方法优化参数设置2/2"界面下,单击的"开始"按钮,开始优化,弹出以下窗口。单击"是",观察仪器监视器变化。

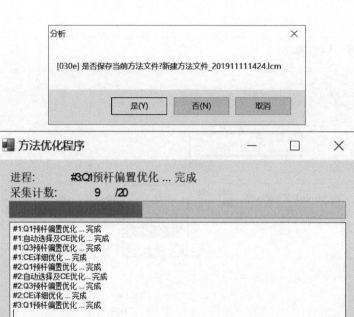

e. 方法参数优化完成后单击"关闭"按钮,关闭优化结果。

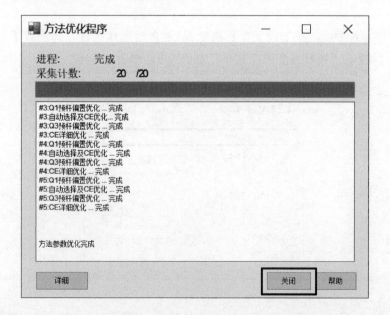

4. 准备分析

① 设置事件—采集时间为"0-8min",右键设置相同采集时间。

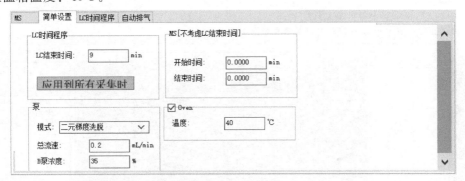

② 设置"简单设置"参数。

LC 结束时间：9min，单击"应用到所有采集时间"。

泵：模式选择"二元梯度洗脱"，总流速 0.2mL/min，B 泵浓度 35%。

柱温箱温度：40℃。

③ 设置"LC 时间程序"，参数见表 8-3。

表 8-3　LC 时间程序参数

时间/min	模块	命令	值/(mL/min)
0.00	泵	Pump B Conc	35
7.50	泵	Pump B Conc	50
12.00	泵	Pump B Conc	50
12.01	泵	Pump B Conc	90
20.00	泵	Pump B Conc	90
20.01	泵	Pump B Conc	35
30.00	控制器	停止	

④ 单击"绘制曲线"按钮，画出洗脱曲线。

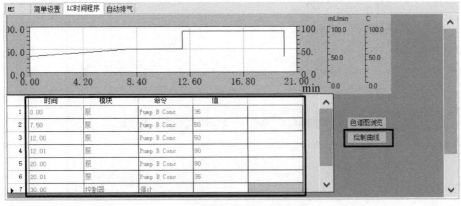

⑤ 单击"保存"图标，单击"下载"图标下载方法。

5. 批处理分析

① 选择"方法"菜单中的"采用复合表更新 MRM 事件时间"。在弹出的窗口单击"确定"。

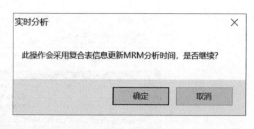

② 单击"主项目",返回主助手栏 。

③ 单击助手栏中"批处理分析" 图标,弹出以下窗口。

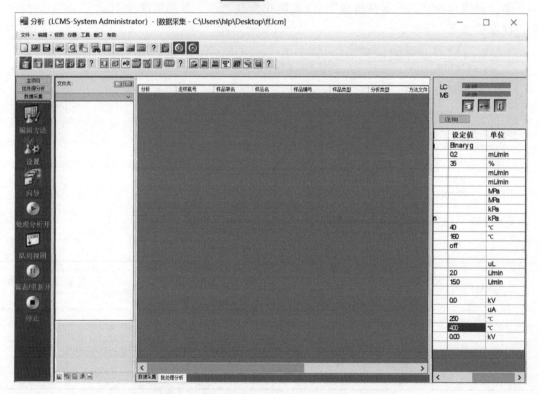

④ 选择"编辑"菜单中的"表格建议设置",填写数据如下。

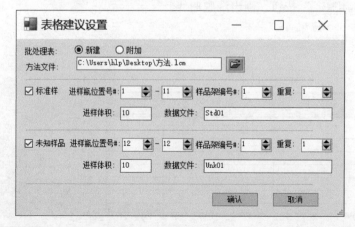

⑤ 单击" 确认 ",数据采集窗口出现标准样品和未知样品的相关信息。

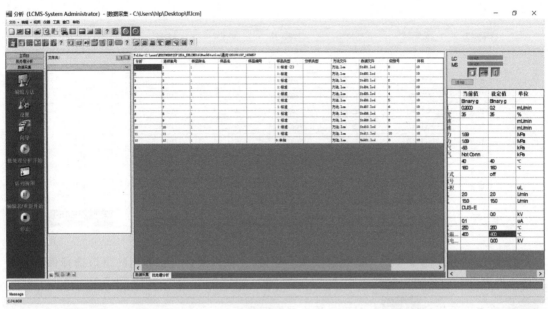

⑥ 单击分析类型列的第一行，如下图位置。

弹出设置"分析类型"窗口，勾选 MIT 和 MQT，然后单击" 确认 "。 操作演示

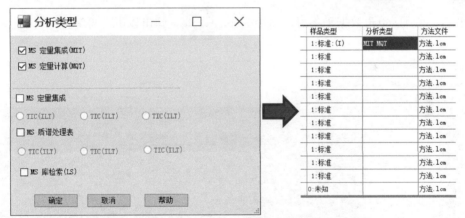

⑦ 单击"分析类型"列的表头，会自动选中整列，单击右键，选择"向下填充"。

分析	进样瓶号	样品架名	样品名	样品编号	样品类型	分析类型	方法文件
1	1	1			1:标准:(I)	MIT MQT	方法.1cm
2	2	1			1:标准	MIT MQT	方法.1cm
3	3	1			1:标准	MIT MQT	方法.1cm
4	4	1			1:标准	MIT MQT	方法.1cm
5	5	1			1:标准	MIT MQT	方法.1cm
6	6	1			1:标准	MIT MQT	方法.1cm
7	7	1			1:标准	MIT MQT	方法.1cm
8	8	1			1:标准	MIT MQT	方法.1cm
9	9	1			1:标准	MIT MQT	方法.1cm
10	10	1			1:标准	MIT MQT	方法.1cm
11	11	1			1:标准	MIT MQT	方法.1cm
12	12	1			0:未知	MIT MQT	方法.1cm

⑧ 指定最后一行（未知样品）作为报告输出。

样品类型	分析类型	方法文件	数据文件	级别号	体积	报告输出	报
1:标准:(I)	MIT MQT	方法.lcm	Std01.lcd	0	10	☐	
1:标准	MIT MQT	方法.lcm	Std02.lcd	1	10	☐	
1:标准	MIT MQT	方法.lcm	Std03.lcd	2	10	☐	
1:标准	MIT MQT	方法.lcm	Std04.lcd	3	10	☐	
1:标准	MIT MQT	方法.lcm	Std05.lcd	4	10	☐	
1:标准	MIT MQT	方法.lcm	Std06.lcd	5	10	☐	
1:标准	MIT MQT	方法.lcm	Std07.lcd	6	10	☐	
1:标准	MIT MQT	方法.lcm	Std08.lcd	7	10	☐	
1:标准	MIT MQT	方法.lcm	Std09.lcd	8	10	☐	
1:标准	MIT MQT	方法.lcm	Std10.lcd	9	10	☐	
1:标准	MIT MQT	方法.lcm	Std11.lcd	10	10	☐	
0:未知		方法.lcm	Unk01.lcd	0	10	☑	

⑨ 单击"文件"菜单中"批处理文件另存为",保存文件(在弹出的窗口选择保存位置以及文件名称,方便使用时调出)。

⑩ 单击助手栏" "按钮,开始批处理分析。

五、创建校准曲线

1. 打开数据文件

① 单击数据采集窗口助手栏上的 ,弹出以下"再解析"窗口。

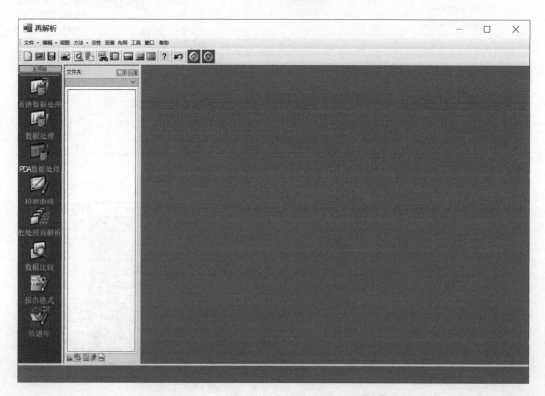

② 单击"![批处理再解析]"按钮,弹出以下窗口。

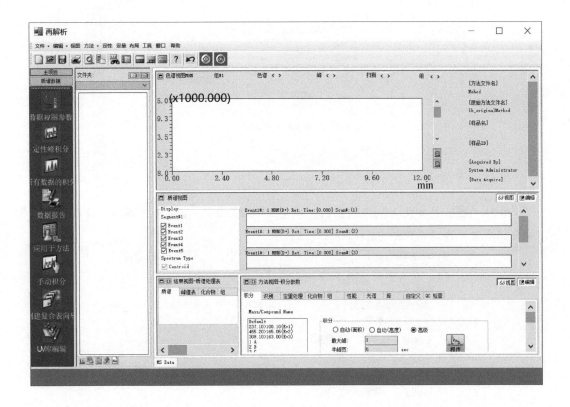

③ 在以上窗口中的数据浏览器中选择分析结果文件(打开最下面的以日期命名的文件夹 Data 下第一个文件即可)。

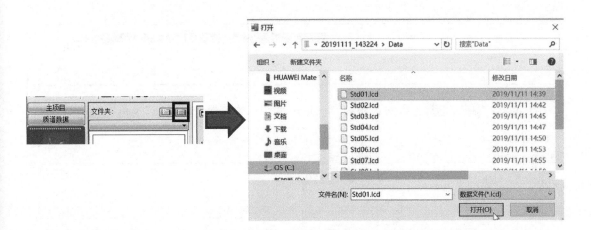

2. 设置方法视图——积分参数

① 单击"编辑"按钮,将方法视图窗口视图模式切换到编辑模式。

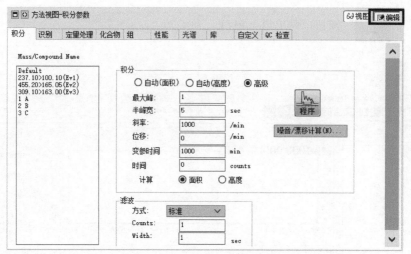

② 单击"□"最大化方法视图窗口。单击"定量处理"在定量选项下，校准等级改为6，拟合类型选择直线，权重方法选择 1/C^2。

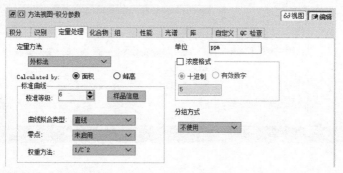

③ 在化合物选项下，输入事件一浓度（ng/mL）为 4、6、8、10、12、14，右键复制事件一浓度，粘贴到其他事件上。

ID#	Name	Type	m/z	Ret.Time	Conc.(1)	Conc.(2)	Conc.(3)	Conc.(4)	Conc.(5)	Conc.(6)	Event
1	PFOA	Target	PFOA 413.00>...	0.001	4	6	8	10	12	14	1:MRM(+)
2	PFOS	Target	PFOS 499.00>...	0.001	4	6	8	10	12	14	2:MRM(+)
3	PFHeA	Target	PFHeA 363.00>...	0.001	4	6	8	10	12	14	3:MRM(+)
4	PFNA	Target	PFNA 463.00>...	0.001	4	6	8	10	12	14	4:MRM(+)
5	PFDeA	Target	PFDeA 513.00>...	0.001	4	6	8	10	12	14	5:MRM(+)

④ 单击"□"正常化方法视图窗口。选中事件一的"保留时间列" Ret.Time 0.001。

ID#	Name	Type	m/z	Ret.Time	Conc.(1)	Conc.(2)	Conc.(3)	Conc.(4)	Conc.(5)	Conc.(6)
1	PFOA	Target	PFOA 413.00>...	0.001	4	6	8	10	12	14
2	PFOS	Target	PFOS 499.00>...	0.001	4	6	8	10	12	14
3	PFHeA	Target	PFHeA 363.00>...	0.001	4	6	8	10	12	14
4	PFNA	Target	PFNA 463.00>...	0.001	4	6	8	10	12	14
5	PFDeA	Target	PFDeA 513.00>...	0.001	4	6	8	10	12	14

3. 色谱峰处理

① 在事件一的色谱图上捕捉峰值：单击色谱峰，会自动将保留时间填入选中的单元格。

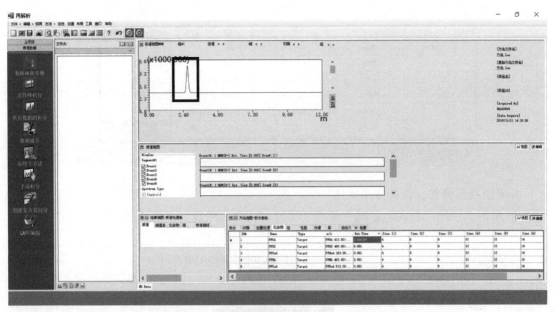

② 选中事件二的"保留时间列" 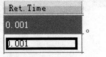。

积分	识别	定量处理	化合物	组	性能	光谱	库	自定义	QC 检查				
	ID#	Name	Type	m/z	Ret.Time	Conc.(1)	Conc.(2)	Conc.(3)	Conc.(4)	Conc.(5)	Conc.(6)		
	1	PFOA	Target	PFOA 413.00>...	2.666399	4	6	8	10	12	14		
▶	2	PFOS	Target	PFOS 499.00>...	0.001	4	6	8	10	12	14		
	3	PFHeA	Target	PFHeA 363.00>...	0.001	4	6	8	10	12	14		
	4	PFNA	Target	PFNA 463.00>...	0.001	4	6	8	10	12	14		
	5	PFDeA	Target	PFDeA 513.00>...	0.001	4	6	8	10	12	14		

③ 单击色谱图上方的 ">" 色谱 < > ，切换到事件二的色谱图。

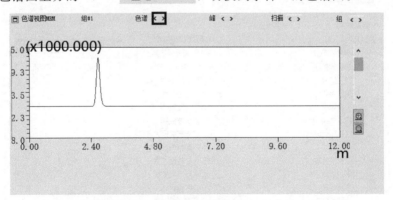

④ 在事件二的色谱图上捕捉峰值，将保留时间填入对应单元格。

积分	识别	定量处理	化合物	组	性能	光谱	库	自定义	QC 检查				
	ID#	Name	Type	m/z	Ret.Time	Conc.(1)	Conc.(2)	Conc.(3)	Conc.(4)	Conc.(5)	Conc.(6)		
	1	PFOA	Target	PFOA 413.00>...	2.666399	4	6	8	10	12	14		
▶	2	PFOS	Target	PFOS 499.00>...	3.799617	4	6	8	10	12	14		
	3	PFHeA	Target	PFHeA 363.00>...	0.001	4	6	8	10	12	14		
	4	PFNA	Target	PFNA 463.00>...	0.001	4	6	8	10	12	14		
	5	PFDeA	Target	PFDeA 513.00>...	0.001	4	6	8	10	12	14		

⑤ 重复上述②、③、④步骤，将所有时间的保留时间填写完整。

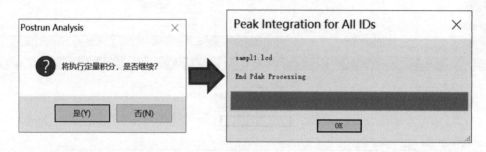

4. 退出视图模式，保存方法文件

① 单击"视图"模式，退出"编辑"模式，在弹出的窗口，选择"是"、"OK"。

② 单击助手栏的"应用于方法"，选择路径，并保存（在弹出的窗口选择保存位置以及文件名称，方便使用时调出）。

③ 在弹出的"选择方法参数"设置窗口，单击"确定"。

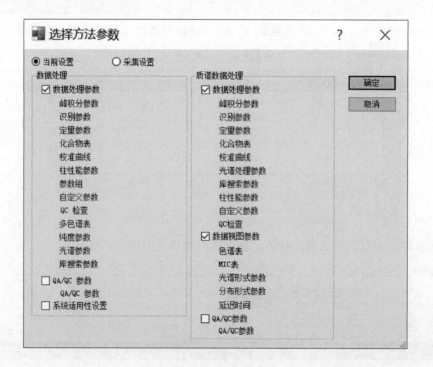

六、定量分析

1. 打开浏览器窗口

① 在主项目窗口,选择 ![处理工具], 双击浏览器图标 ![BROWSER]。

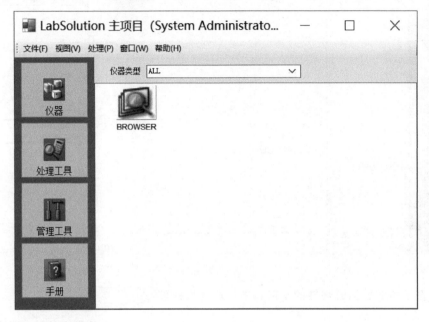

② 弹出以下浏览器窗口。

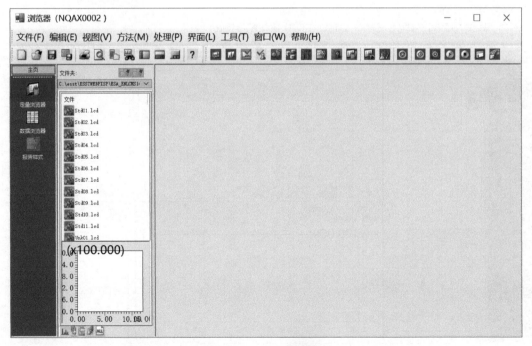

③ 在打开的浏览器助手栏中选择定量浏览器 。

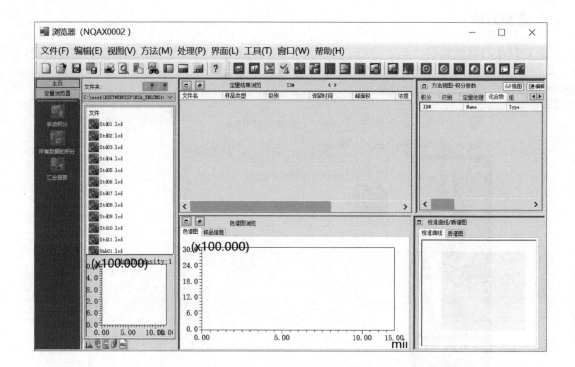

④ 在左下角的数据管理器的子窗口中,选择批处理 。

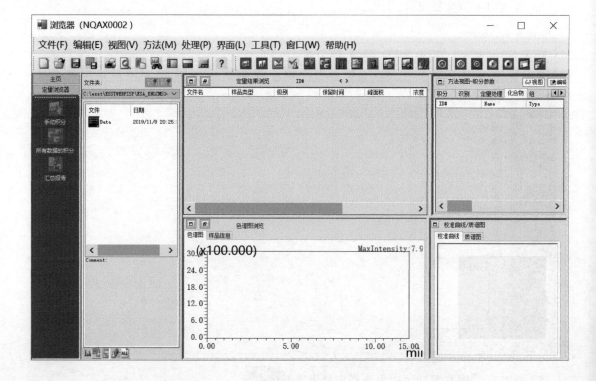

2. 查看校准曲线和质谱图

① 将数据 [文件 Data 日期 2019/11/8 20:25] 拖放到工作区，查看定量结果。

② 具体查看方法：单击"定量结果浏览"中的任意一行，如 Std10，在"色谱图浏览"中会调出相应的色谱图，在"方法视图-积分参数"中可以看到相应的化合物，在"校准曲线/质谱图"中，可以查看相应的校准曲线，单击"方法视图-积分参数"中的化合物行，可以查看对应化合物的校准曲线，质谱图的查看方法同校准曲线。

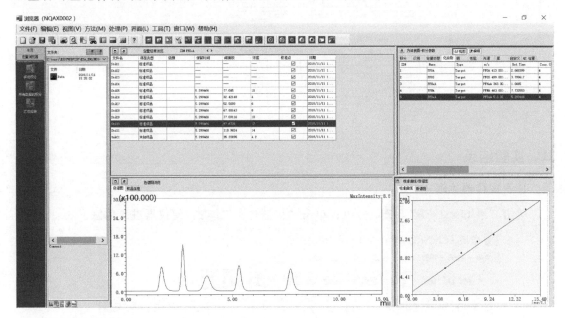

七、打印汇总报告

打开"浏览器"的"主页"助手栏，单击"报告样式"查看分析报告。

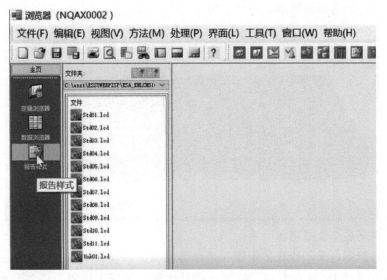

弹出报告单。

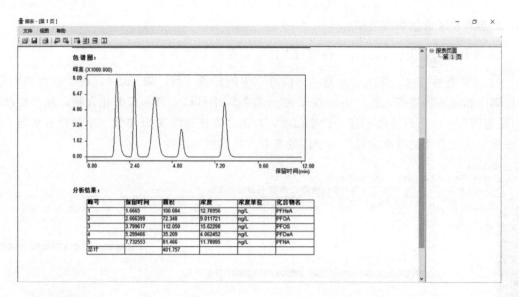

八、实验结束

1. 设置仪器休眠

单击"泵 ON/OFF" ，停泵；单击"仪器休眠" ，使仪器进入休眠。

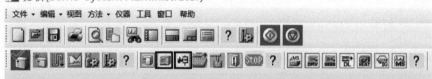

2. 取出样品

取出样品架，单击" 取出样品瓶 "取下样品瓶，妥善处理样品，将样品瓶取出，单击" 装回样品架 "，将样品装回进样器，回到主场景。

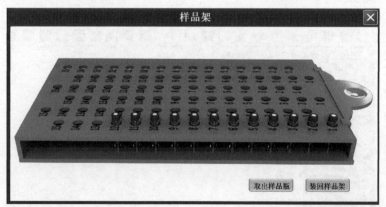

3. 按顺序关闭各个仪器电源

关闭系统控制器电源、检测器电源、进样器电源、柱温箱电源、输液泵 A 电源、输液泵 B 电源、关闭 LCMS-8040 电源、关闭工作站电脑、关闭干燥器（氮气）钢瓶和 CID 气（氩气）阀门（具体操作参看开机步骤，此处关机顺序没有影响）。

参考答案

项目二：

题号	1	2	3	4	5	6	7	8	9	10
答案	B	A	C	A	C	A	C	A	B	C
题号	11	12	13	14	15	16	17	18	19	20
答案	B	C	B	C	D					

项目三：

题号	1	2	3	4	5	6	7	8	9	10
答案	D	C	C	B	B	D	B	A	A	C

项目四：

题号	1	2	3	4	5	6	7	8	9	10
答案	A	B	D	C	D	A	C	D	B	C

项目五：

题号	1	2	3	4	5	6	7	8	9	10
答案	B	C	A	C	B	D	E	A	B	D

项目六：

题号	1	2	3	4	5	6	7	8	9	10
答案	D	B	D	C	D	D	B	C	C	C

参考文献

[1] 黄一石.仪器分析.2版.北京：化学工业出版社，2009.
[2] 赵美丽，徐晓安.仪器分析技术.北京：化学工业出版社，2014.
[3] 熊开元，贺红举.仪器分析.2版.北京：化学工业出版社，2008.
[4] 谭湘成.仪器分析.3版.北京：化学工业出版社，2008.
[5] 于晓萍.仪器分析.2版.北京：化学工业出版社，2017.
[6] 黄一石，吴朝华，杨小林.仪器分析.3版.北京：化学工业出版社，2013.
[7] 高职高专化学教材编写组.分析化学.3版.北京：高等教育出版社，2008.